图解家庭农场

肉兔

科学饲养

[美] 尼基·卡兰格洛 著
（Nichki Carangelo）

郑建婷 译 任克良 主审

U0191287

机械工业出版社
CHINA MACHINE PRESS

本书是作者关于家庭农场经营过程中多年经验的积累，是其不断学习、探索和智慧的结晶。本书系统介绍了为什么要在农场中养殖肉兔、养什么品种、选择什么方式养、如何配种繁殖、如何保证肉兔健康、如何实现可持续生产、如何销售、如何宰杀和烹饪等知识，内容翔实，涵盖面广，语言通俗易懂，文字精练朴实，具有较强的实用性和可操作性，可使读者感到养兔是一件十分轻松愉快的事情。

本书适合家庭农场肉兔饲养者阅读，也可作为基层肉兔养殖户的参考书籍，还可供农林院校相关专业的师生学习参考。

Raising Pastured Rabbits for Meat by Nichki Carangelo

Copyright © 2019 by Nichki Carangelo

China Machine Press edition published by arrangement with Chelsea Green Publishing Co, White River Junction, VT, USA www.chelseagreen.com

本书由切尔西绿色出版公司授权机械工业出版社在中国大陆地区（不包括香港、澳门特别行政区及台湾地区）出版与发行。未经许可之出口，视为违反著作权法，将受法律之制裁。

北京市版权局著作权合同登记　图字：01-2020-1891 号。

图书在版编目（CIP）数据

图解家庭农场肉兔科学饲养 /（美）尼基·卡兰格洛（Nichki Carangelo）著；郑建婷译. — 北京：机械工业出版社，2022.2
书名原文：Raising Pastured Rabbits for Meat
ISBN 978-7-111-70132-3

Ⅰ.①图… Ⅱ.①尼… ②郑… Ⅲ.①家庭农场-肉用兔－饲养管理－图解 Ⅳ.①S829.1-64

中国版本图书馆CIP数据核字（2022）第017706号

机械工业出版社（北京市百万庄大街22号　邮政编码100037）
策划编辑：高　伟　周晓伟　责任编辑：高　伟　周晓伟　刘　源
责任校对：张亚楠　贾立萍　责任印制：张　博
保定市中画美凯印刷有限公司印刷

2022年3月第1版·第1次印刷
145mm×210mm·6.25印张·144千字
标准书号：ISBN 978-7-111-70132-3
定价：49.80元

电话服务　　　　　　　　　网络服务
客服电话：010-88361066　　机 工 官 网：www.cmpbook.com
　　　　　010-88379833　　机 工 官 博：weibo.com/cmp1952
　　　　　010-68326294　　金 书 网：www.golden-book.com
封底无防伪标均为盗版　机工教育服务网：www.cmpedu.com

前 言

我的农场生涯在很大程度上要归功于 Polyface 农场的主人乔尔·萨拉廷（Joel Salatin），他是《农场家禽效益》（*Pastured Poultry Profits*）一书的作者；或者说应该归功于艾米（Amy），她把她看过的这本《农场家禽效益》送给了我[1]。那是在 8 年前，当时我第一次在商业农场进行了短暂的锻炼。带着不到 1 年的经验（事实上这些经验几乎与养鸡无关），我和我当时的合作伙伴（也是我现在的丈夫）拉斯洛（Laszlo）一起，在我们的朋友金斯利（Kingsley）家附近的一个岩石很多的农场里饲养了 100 只雏鸡。

当时，我们没有钱，没有市场，也没有土地。老实说，没有任何理由能让我们相信我们会有资源来拥有自己的农场。然而我们拥有的可以替代这些的是力量及全力以赴的工作动力。我发现这也是大多数新手农民所具有的。整整 2 年时间里，我们经营着这个多岩石的农场，它为我们提供了平台，使我们可以把精力放在学习和组建农场团队上。随着时间的流逝，我们的构想变得更加清晰。一季又一季，我们慢慢地学习着搭建我们想象中的多样化的愿景。

这样一个小的、低风险的事业可以在保证安全的同时，让我们在经营中获得利益。它支持我们朝向长远的目标前进：为我们的事业命名，开设一个新的银行账户，并且梳理整个东北部的土地使用权列表。更重要的是，它给了我们一个在事情变得更艰难的时候不放弃的理由。决不低估全力以赴和动力合二为一的力量，在我看来，这是任何一个农场创立之初最重要的两个因素。

我们小小的肉禽事业在情感上和经济上给予了我们回报，这要感谢萨拉廷先生完善的动物饲养方案和清晰的企业经济预算。第一批养殖的成功使我们兴奋地开始另一批，并且另一批的成功让我们更加兴奋。我们现在每年饲养3000只放牧肉禽，除此之外还有大约30只猪、400只蛋鸡和500只肉兔。这是我们在饲养最初的100只毛茸茸的黄色小鸡时所不敢想象的生活。

萨拉廷先生在《农场家禽效益》这本书中概括的方法是务实而有效的。最重要的是，他明确了要好好地照顾动物和饲养者。他让我们避免了一年又一年的反复试验，并且确实带来了所承诺的结果。这么好的一个农场经营指南就是一笔财富，而在失败和挫折很普遍的创业初期，我们有幸得到了它。在我们把萨拉廷先生的书作为养鸡宝典的时候，饲养肉兔却没有类似的经验可以借鉴。所以，通过自己的试验和研究，我写了这本书。

6年前正式开始经营我们的农场时，我们就把余生寄托在了农场事业上——我们解决着各种问题，并且细微地调整着我们的操作。我们虽然不是彻彻底底的新手，但也处在事业起步的早期，有着新手的冲劲和闯劲。虽然我们犯了很多错误，但幸运的是，我们也做了很多改进，并且开发了一个既人道又有利可图的肉兔生产系统，并且这个系统是可复制的。我写的这个指南可能无法提供像萨拉廷先生对家禽饲养那么深入的信息。但是，我写这本书时希望它可以帮你节约时间、金钱，最重要的是能为我们养殖者带来不断向前的宝贵力量。

目 录

前 言

第一章
饲养肉兔的可行性

　　陌生人聚集在一起时，总是喜欢问彼此从事什么工作。这很合理——美国人花大量的时间工作，那为什么不从这里寻找一下共同点呢？不过，似乎并不是所有的职业都可以作为很好的交谈素材。除非大家都从事仓储行业，否则人们通常并不太想了解更多的关于自己朋友在仓库的工作，即使他可以驾驶叉车。但是如果在房间里有一个消防员或马戏团演员，我打赌人们会整夜问他们关于工作的事。告诉人们你是一个农民，至少在我生活的地方，可以引起相似的反应。

　　我不太清楚一份与农业有关的工作为什么能引起人们这样大的兴趣，但是我有一个推测：过去，美国是一个农业国家，尽管在城市化加速的趋势下，农业生活方式有所衰落，但是我们很多人仍然与社区农场或家庭牧场有着或多或少的联系或美好的回忆，我想这些怀旧情结引发了美国文化中这种对农场的特殊感情。最重要的是，每个人都要吃饭，这就意味着不管我们是否承认，我们都与农业有着密切的联系。

　　我去一个新的地方时，不可避免地会被问道："你是做什么的？"我已做好了应对下面一系列问题的准备。尽管反复不断地说同样的

1

我们农场的青年兔

事情会令人感到厌烦，但我还是会因为做了人们都关心的工作而感到骄傲。同样，真诚坦白地回答也很容易。

　　问："你是在农场长大的吗？"
　　答："不，准确地说，我是在一个小城市长大的。"

　　问："那么，你是怎么开始务农的呢？"
　　答："我一直在问自己同样的问题。"

　　问："早上你要多早起床？"
　　答："肯定没有你认为的那样早。"

　　问："你的农场生产什么？"
　　出于权宜之计，我每次用相同的方式回答这最后一个问题："蔬菜、绿植、香草、鲜花、猪、肉鸡、蛋鸡和肉兔。"如果我不按顺序说出来，我甚至记不住我们农场生产的全部东西。虽然猪是我喜欢作为交谈素材的动物，因为它们非常聪明有趣，但是人们常常会被肉兔吸引，因为他们从小喜欢吃兔肉，或他们不知道自己怎么能吃这么可爱的小东西。不管怎样，交谈会带来另一个问题："为什么养肉兔？"我有 2 种方式回答这个问题。第一，我为什么饲养肉兔；第二，为什么建议农民饲养肉兔。

我为什么饲养肉兔

我不是在农场长大的。但是，我成长在一个由一些超级聪明的在农场长大的移民者组成的家庭里。在我的家庭里，有在庭院建设虚拟绿洲的祖父母和外祖父母。我讲的是将葡萄藤覆盖在用灰泥粉刷的棚屋上，成排的桃树和梨树，还有番茄、茄子，并且在柏油路的每个缺口里种满胡椒。在康涅狄格州市区或附近的郊区，我的亲戚和他们的朋友的房屋完全是过时的——就像漂浮在美式乡村海洋里的旧式小岛。

在一个专门用于油炸东西的车库厨房（这是我在美国的意大利移民家庭以外没有看到过的）后面，藏着玛丽亚（Maria）和帕斯奎尔（Pasquale）的兔舍。在真实的大家庭里，实际上我不知道自己与玛丽亚和帕斯奎尔有什么亲戚关系，也许他们是我的祖父的堂兄弟姐妹，或者他们仅仅是选择加入新大陆卡兰格洛（Carangelos）家族的贝内文托移民 [这种模模糊糊的家庭关系在我们那里很普遍，就像安奈特（Anette），曾经有 15 年我都认为她是我的姨妈，最后发现她实际上叫安托瓦妮特（Antoinette），是我们的远房亲戚]。他们的养兔场小而整洁，并且是整个康涅狄格州沃特伯里市唯一的

3

我的曾祖母农尼（Nonni），在康涅狄格州沃特伯里市她的庭院的一小片罗勒地里。桑德拉·凯利（Sandra Kelly）供图

新鲜兔肉供应者。帕斯奎尔，即使在他 80 多岁的时候，依然能够仅仅用一把锋利的刀就可以杀死并清理干净一只肉兔。现在我花了大量的时间在屠宰场，并且亲手加工了至少几千只动物，但我仍然没见过什么人可以做得像他那么迅速和干净。我曾开玩笑说帕斯奎尔可以穿着燕尾服屠宰并清理一只肉兔，之后去参加婚礼前甚至不需要洗手。他非常棒。

所以，当拉斯洛和我想要开始饲养作为食物的动物，但又没有容纳家畜的大农场时，我们简单地追随了我的家人和他们的老朋友的脚步。我们养了一些肉兔，并且从那时起坚持到现在。虽然我们饲养肉兔只是一时兴起，但幸运的是它们在单元经济效益、市场潜在需求和环境影响上都很不错，而这些在多年以后变成影响我们决策的重要因素。事实上，我们发现饲养肉兔有许多好的理由，无论商业的还是作为一种爱好。

为什么建议农民饲养肉兔

《有益》（*Good*）杂志 2010 年刊登的一篇文章称，本土膳食主义倡导者迈克尔·波伦（Michael Pollan）声称："兔肉比鸡肉更好。"[1] 在一个肉鸡产业价值达 410 亿美元（1 美元≈6.5 元人民币）的国家里，波伦的观点似乎很大胆，但是《时代》（*Time*）杂志在其文章《兔子怎样拯救世界》中是赞成这一观点的[2]。甚至《纽约时报》（*New York Times*）也加入了这个潮流[3]。根据美食供应商达塔尼昂（D'Artagnan）最近的报告，10 年来兔肉的销售额一直在增长[4]。他们甚至报告说，他们自己的兔肉销量在最近的 4 年里翻了一番。全球都在讨论对这种高品质蛋白质的需求，但是很少有农民做了准备以迎接持续饲养肉兔带来的快速增长的效益。我不禁

想知道为什么，正如我所看到的巨大的机会，所有农民，无论新手还是经验丰富的老手，都应该愿意去学习这种日益失传的技艺，这种具有三重好处的饲养技术。饲养肉兔可以用相对较少的金钱、空间或劳动力，提供一份正当的生计，同时回报一些必需的和明显更为可取的多样化产品给市场，如食物和肥料。

首先，肉兔容易处理。不像一些其他家畜，肉兔小而温顺，血统好的良种兔没有攻击性，容易被捕捉和移动。而且，它们不重，即使是最大型品种的驯养兔——弗朗德巨兔，其最大体重也只有10千克[5]。

肉兔和饲养它们需要的一切，都是轻巧便携的。在日常管理和重大调整时都是如此，比如迁移到一块新的土地上。除移动肉兔的可移动围栏时你需要一些转移工具外，如果你决定采用以放牧为基础的饲养方式，最重的也就是一辆独轮手推车。实际上我们使用的肉兔金属网移动围栏也很轻，至少与我们用于肉禽的移动围栏（2.7 米 ×3.7 米）相比，肉兔围栏的面积（1.8 米 ×2.7 米）只有它的一半。

肉兔及用于肉兔饲养的相关工具和设备并不重，这对体力有限的人来说尤其重要。肉兔的方便移动性让饲养肉兔成为没有土地所有权的农民和农场所有人的一项极好的起步事业。不像一些较大的家畜，如奶牛需要许多永久的基础设施（如挤奶厅），山羊可能需要巨大的围栏系统，而养兔场的所有东西都可以装进一辆出租卡车，穿过城镇，甚至一转眼穿过整个国家。如果你的土地所有权经历和我们的一样，这个特点可以为你的事业提供保障。在我们来到位于纽约哈德逊的"永久"农场之前，我和拉斯洛在 3 年内将我们的动物转移了 4 次。

另一个使饲养肉兔成为事业可靠的开始的特性是，它的进入

肉兔和蠕虫

在兔舍里放置一个蠕虫箱的好处有两方面：它可以节省改良剂和肥料钱，也可以通过销售蠕虫来给那些钓鱼和养食虫宠物或使用堆肥箱的人赚取额外的收入。农民甚至可以把腐熟的蚯蚓堆肥或虫粪卖给园丁。Happy D 农场的蠕虫养殖场在其网站上有一个很好的深度教程，教你在养兔场饲养蠕虫，但基本方法是相当简单的[6]。

先是在兔笼下面的地板上搭建一个木质框架。Happy D 农场建议这个框架的四边高 30 厘米，并且比兔舍的各面墙宽 13 厘米。这个框架的用处是使通过金属网掉到地面上的兔粪颗粒掉在框里。当框架放好后，加入一些含碳物质，如干叶子、稻草或干草，形成一层 2~3 英寸（5.1~7.6 厘米）厚的垫草层。当框架和垫草就位时，就只需等肉兔排泄了。当垫草上排泄物堆了有几英寸厚时，用铲子把它和垫草混合在一起，然后用软管浇水至完全浸透。这个湿度可以启动分解过程，最终致使混合物升温。每天翻动混合物 1 次，并检查它是否保持温暖。一旦混合物摸上去发凉，就可以用于饲养蠕虫了！

这套系统推荐的蠕虫饲养密度为每平方米（表面积）3000~5000 条。你可以在网上订购蠕虫，或者如果你附近有蠕虫农场，也可以就近购买。在写这本书的时候，买很适合用于这种堆肥系统的红色蠕虫 1000 条，大约需要花费 25 美元。一旦放入，这些蠕虫将消失在兔粪中，并开始将那些圆形的小"兔粪颗粒"变成肥沃的、营养富集的腐殖质——一种主要的土壤改良剂。目前我们的兔场还没有蠕虫农场，但增加一个蠕虫农场已列入我们短期待办事项。这是一个令人难以置信的低成本投资，可以使我们农场每平方米的生态和经济价值最大化。而且，拉斯洛喜欢钓鱼。

门槛较低。肉兔很小，因此需要的空间相对较少，即使在以放牧为基础的系统中也是如此。除此之外，养殖肉兔需要的启动资金很少。事实上，一个管理良好的商业养兔场可以在 1 年内收回全部的初始投资。即使是业余饲养的小规模兔群，也可以使农场所有人在几个月内开始赚钱。在本书的后面章节，将有一个详细的企业预算介绍，现在你只需要知道，在你的庭院你用不到 500 美元就可以饲养肉兔。

饲养肉兔的另一个好处是它们足够小，可以用你已经有的容器运输，特别是在只养几只肉兔时。不想花 80 美元买一个禽用运输箱？用猫笼就很好。买一辆小型货车或家畜拖车是不是太早了？饲养肉兔所需要的一切设备几乎都可以放到你的汽车行李舱里。

最为特别的是，肉兔加工时也可以为你节省大量的金钱和时间！肉兔没有羽毛，这一个特点使它们比大多数的其他小型家禽更容易被屠宰和剥皮。相比之下，要有效地处理鸡，你需要一整套设备：屠宰锥子用于把鸡固定在适当的位置，一个开水锅用来为拔毛做准备，一台家禽脱毛机用于把羽毛全部拔出来。仅这三项就能花掉几千美元。相反，屠宰肉兔只需要一把锋利的刀（更多相关内容见第十三章）。由于肉兔通常是整只出售的，所以它很容易打包和储存，并且用于几秒内将新鲜兔肉迅速冷冻的收缩袋也很容易买到。

最后，肉兔可以作为多元化农场景观的一部分。它们可以藏在已有畜舍和畜棚的后面，也可在小片的边际土地⊖上放牧，甚至对于茂盛的牧场，可以在放养鸡前或反刍动物放牧后放牧肉兔。在田地和院子里它们的存在有很多好处。一方面，兔粪营养丰富，

⊖ 边际土地指生产所得收入仅够支付生产费用和开垦投资利息的土地。一般是劣等的贫瘠土地或远离市场的土地。——编者注

富含氮、磷、钾、矿物质和大量的微量营养素。根据密歇根州立大学拓展计划的介绍，它的养分是牛粪或马粪的 4 倍，是鸡粪的 2 倍[7]。更好的是，与我们农场的杂食动物（鸡和猪）不同，作为草食动物的肉兔的粪便是"凉"的，而不是"热"的。这意味着肉兔粪便天生具有理想的碳氮比（约 25:1），因此用在植物上时不需要加入树叶或其他含碳物质一起堆腐。另一方面，热粪含有过多的氮，使用时如果不经过适当的改良和堆肥，就会烧伤植物。有关兔粪好处的更多信息见本章"Letterbox 农场里养兔和种菜的整合"。

另外，由于兔粪是有机质，所以它可以改善土壤结构。良好的土壤结构意味着更好的排水和保湿性能，考虑到我们日益多变的气候，这两者都变得越来越重要。由于这些原因，蠕虫特别喜欢兔粪，并且许多养兔场兼营了蠕虫饲养场。简单地说，肉兔会产生很多粪便。1 只母兔及其后代可以在 1 年内生产出整整 1 吨的粪便——除了为自己的农场添加营养物质外，还可以作为一种增值产品进行销售。

兔肉也是一种很好的营养来源。它是一种优质蛋白质，脂肪含量甚至低于鸡肉这种更受欢迎的食材。它们的蛋白质含量很高，每 85 克兔肉含有高达 28 克的蛋白质。这与猪肉（23 克）、牛肉（22 克）、鸡肉（21 克）、羊肉（21 克）、野牛肉（22 克）和火鸡肉（24 克，最接近的竞争对手）相比，也是占优势的[8]。兔肉中的铁元素含量很高，每 85 克兔肉含 4 毫克铁。除火鸡外，每 85 克兔肉所含的热量也比其他肉类少。

虽然我相信在花心思地饲养所有的家畜时，都会对环境产生积极和促进其修复的影响，但饲养肉兔尤其有益于生态，它有许多属性吸引着当今世界舞台上的环保主义者和食品安全研究人员的关

注。全球变暖的趋势引起了一系列对气候的影响，对各地农民产生了非常现实的冲击。持续的干旱和可用耕地的减少使许多人开始寻找碳排放较少的家畜。肉兔在这方面表现突出，因为它们可以在边际土地上饲养，是非常有效的食物和水的转换器。这意味着与其他大多数家畜相比，饲养肉兔需要更少的土地、更少的水和更少的能量。肉兔将食物和水转化为可食用的肉的效率是猪的 1.4 倍，是绵羊和牛的 4 倍[9]。

然而幸运的是，这些好处不是以牺牲风味为代价的。不像一些可持续性很好但可食用性差的其他食物（如日本紫菀科植物），兔肉营养丰富，而且美味可口。幼兔（小于 16 周龄，胴体重低于 1.6 千克）的肉是清淡的、甜的、嫩的，可以搭配多种口味，适用所有可用于鸡肉的烹制方法。肉兔很容易分割，可以烤、炸、炖、扒或煨，甚至还可以熏制成香肠和制作肉酱。

如何经营一个成功的养兔场

虽然有很多原因表明你应该饲养肉兔，但饲养肉兔也有其独特的挑战。在进行任何投资之前，考虑周详是很重要的。和大多数其他农业企业一样，养兔利润微薄，你的成功与你管理一些重要方面的能力直接相关，其中最重要的是优化动物健康和福利的能力。

肉兔对疾病特别敏感，这也是为什么它们通常在商业环境中不被大规模饲养的原因。这些娇弱的小动物无法承受在恶劣条件下饲养产生的应激，所以必须时刻使它们的环境保持清洁、干燥和舒适。当然，即使在最好的条件下，肉兔也会生病，但良好的饲养管理和明智的选育可以使大多数问题随着时间的推移得到解决。我们将在第九章中深入探讨肉兔的健康与疾病防治。

经营一个成功的养兔场的第二个关键是实现统一可靠的生产。这需要比经营其他家畜企业更加精明一些。与家禽不同，农民可以购买 1 日龄的雏鸡，也可以购买已经 8 周大的不那么脆弱的架子猪，而肉兔饲养者必须自己繁殖仔兔。较低的或不稳定的窝产仔数或生长速度都可能会影响经营，因此培养良好的肉兔基因和保持一个固定的饲养程序是至关重要的。

经营一个商业兔场，除了高效的生产，还需要有稳定的销量。微薄的利润率意味着一个成功的养兔场将依赖于最佳的产品，并以适宜的价格进行强劲的销售。保持低成本和高效率似乎是毋庸置疑的，稍后我们会看到，即使是生产或销售的微小变化，也会给收入带来很大的不同。

最后，商业兔场的农民需要一个好的、合法的、经济实惠的屠宰场。虽然庭院生产者被允许自己屠宰家畜，但可销售肉类的屠宰规定随着你所在区域的不同可能会有很大的差异。一些州，如佛蒙特州和缅因州，允许生产者在自己的农场里屠宰。其他地方，像纽约州和罗得岛，有自己的州检测机构，而其他的地方只允许将要出售的肉兔在美国农业部（USDA）认证的机构屠宰。在经营养兔场之前，了解当地的规章制度是很重要的。

不要因这些问题而气馁。本书的目的是通过展示我们多年来在 Letterbox 农场调整生产系统和营销关系的每一步，使准备成为农民的新手（或那些已经有农场经验即将开始养肉兔的农民）成长成一个成功的肉兔饲养者。在你开始饲养肉兔或者扩大兔群时，我希望我们无数的经验、遇到过的挫折、重新调整和适应的经历可以帮你节省时间、金钱和宝贵的精力。

最后，兔肉可以增加饮食的多样性。传统的美国餐桌上的食物并不是只有牛肉、鸡肉和猪肉。在动物集约化饲养管理广泛推广并重点用于生产这3种肉之前，我们的餐桌上摆满了各种各样的肉，像鹿肉、野牛肉、野鸡肉，当然还有兔肉。吃兔肉就是吃富有传统特色的食物。

Letterbox 农场里养兔和种菜的整合
来自蔬菜经理费丝·吉尔伯特的建议

虽然这本书的重点是家畜管理，但实际上在我们农场的1公顷土地上，饲养家畜和种植农产品带来的收入分别占40%和60%。肥力控制是蔬菜种植的一项持续性任务，并且为蔬菜生产制造肥料是我们最初饲养肉兔的目的之一。我们认为肉兔是理想的小规模肥料来源：个体小、容易饲养、可以产生大量的粪便且很容易施撒。事实上，在建立多样化农场之前，饲养肉兔就被列入了我的首个种植计划，想象着它们在0.2公顷的菜园的苜蓿通道上吃草。从那时起，我们的规划有了很大的发展，蔬菜生产规模也逐渐扩大，但我仍然认为饲养肉兔是任何规模的蔬菜经营的完美补充，特别是那些希望就地生产肥料的非常小的农场和社区花园。

我们实行一种被称为小规模集约化的蔬菜、草本植物和花卉生产的形式，这意味着我们的目标是在有限的生长空间里实现高质量生产。通过在允许的地方复种、合理密植、快速翻耕和再植床，我们将原占地1.6公顷左右的作物挤压在1公顷的种植床上，从而提高了每公顷的收益。这种方法有利有弊，但它对我们的目标和环境都很有效。

　　管理土壤肥力是进行任何生产操作的关键，特别是小规模集约化种植需要更高的肥力，并且通过覆盖作物提高肥力的能力更有限。大多数小规模种植者依靠引进动物粪便堆肥来维持土壤养分水平。肉兔及其粪便具有一些独有的特点，使它们成为小规模集约化蔬菜生产的极好伙伴。

① 按照同等质量的粪便计算，兔粪比牛、马、鸡或任何其他普通农场动物粪便的养分都要丰富。单位质量含更多的养分意味着需要更少的劳动力把它拉来拉去，特别是你采用人工运输和施撒方式的话。

② 与其他粪便不同的是，它可以不用腐熟就直接用于作物，这意味着可以省去把它们做成堆肥的劳动力和空间（至少从植物的角度来看，食品安全问题是另一回事）。

　　虽然动物粪便的实际营养成分有所不同，但参考大多数资料，兔粪的养分组成为约 2.5% 的氮、1.5% 的磷和 0.5% 的钾（2.5∶1.5∶0.5）。除了这些大量元素外，兔粪还含有有机质、微量元素和微生物，这些都是影响土壤结构、植物健康和生机勃勃的土壤食物链的有益因素。

　　与其他动物相比，相对于磷和钾，兔粪含有更高比例的氮。许多常见作物对磷和钾的需求量很小，但对氮的需求量很大。此外，土壤中磷和钾相对稳定，氮更易分解，需要定期供给。因此，以动物粪便堆肥作为氮源的农场往往因定期施肥造成除氮以外的其他养分施用过度，长期如此可能对土壤健康产生不良影响，特别是在采用温室栽培或降雨量少的地区。而兔粪较高的含氮比例使土壤更容易避免过度摄入不需要的养分。

施肥方法和施用量的计算

兔粪的另一个重要好处是它的易用性。不像其他动物粪便，它可以不用腐熟就直接应用于作物。它是颗粒状的，很容易人工施撒（如果需要的话），并且当储存在一个排水良好的地方时，它比较干燥，臭味也较轻。

相较于其他微量营养素，我们最常调整的是氮含量，因为我们的土壤能很好地平衡大多数其他养分，并且保持良好的肥力。大多数蔬菜作物建议的施氮量在每公顷 56 千克（轻度施肥）到每公顷 112 千克（密集施肥）。兔粪的含氮量为 2.5%，即在轻度施肥的条件下每公顷土壤需要 2240 千克的兔粪，密集施肥时用量翻倍。转化为每畦的用量，即每 1 米 × 30 米的菜园种植单位轻度施肥时需施兔粪约 6.7 千克，密集施肥时需施兔粪 13.4 千克。按畦计算，1~2 个 20 升的桶装的新鲜兔粪就可以满足所有对氮的需求。在我们经营的头几年里，我们所做的就是：把几桶兔粪装进一辆手推车，然后拉到我们准备种植的地方。

尽管种植多畦时，这种方式劳动强度很大，但效果很好。当我们把菜园从 0.2 公顷扩大到 1 公顷时，一畦一畦地施肥变得不切实际。几年后，我们买了一辆全地形车（ATV）和一辆小拖车，我们现在用它们来完成所有的家畜和蔬菜施肥任务。这是一个进步，允许我们拖动更大重量和体积的兔粪。然而，对于我们的规模来说，这仍然是低效的，特别是与施用颗粒鸡粪或其他干肥料的速度相比。展望未来，我们想试试由全地形车牵引的撒肥机的潜力，并计划在秋天将从兔舍清出的粪便直接用撒肥机撒到地里。

最后，虽然兔粪的颗粒结构使它很容易撒施，但它仍然会结块，无法在不影响播种的情况下直接应用到一个育种苗圃上。如果播种前正确撒粪是蔬菜种植系统的重要组成部分（并且符合你的食品安全计划），那么先堆肥并把它转变成更合适的肥料是值得的。

在计算所需的粪便量时，需要知道获得预期产量的单位施氮量（通常以每公顷的千克数表示，可以从相关网站和土壤测试实验室推荐建议中获得）。用每公顷的施氮量除以兔粪中氮的百分比（可变的，但平均为 2.5%）就是每公顷需要的粪便量。要计算每畦的施氮量，首先要计算 1 畦的面积（米^2），然后除以 1 公顷（10000 米^2），再乘以每公顷需要的粪便量即可。

考虑食品安全

追求有机认证的农民、选择遵循良好农业规范（GAP）标准的农民，或那些将受到最新的《食品安全现代化法案》（FSMA）监管的农民，需要遵循安全施用粪肥的协议。美国有机认证标准和 GAP 协议都限制了未经处理的粪便的应用。对于接触地面的作物，不能在收获前 120 天内使用；对于不接触地面的作物，不能在收获前 90 天内使用。此外，GAP 要求任何作物必须在施用粪肥后，等待 2 周再种植。由于美国食品及药物管理局（FDA）正努力确定应用粪肥和收获作物之间的最小时间间隔，因此 FSMA 目前处于过渡状态。目前，FSMA 不适用于收入总额低于 50 万美元，以及大部分产品的销售范围在 275 英里（443 千米）内的农场，尽管这在未来可能会发生改变。

考虑经济效益

将养兔与种植整合起来也可以带来经济效益。在使用我们农场自己生产的动物粪便前，我们花钱用其他方式来调整土壤肥力，无

论用有机肥还是用成品堆肥,每年总共需要 500~1000 美元用于我们的蔬菜种植。虽然并不是所有的肉兔饲养者都同时经营着蔬菜农场,但当地可能有园丁和蔬菜生产者需要粪肥。一些养兔人通过出售桶装、袋装或"自己铲"的兔粪来抵消成本或增加收入。像克雷格列表(Graigslist)、亚马逊(Amazon)、易趣(eBay)和易集(Etsy)这样的网站展示了庭院和商业养兔场销售粪便的各种形式,价格从每千克 2 美元到 31 美元不等。

第二章
农场里的肉兔

Letterbox 从成立以来就是一个多样化的农场，因此把饲养肉兔加入已有的生产计划和销售网点是相对容易的。为了让你更好地了解肉兔是如何融入我们农场生产中的，本章将概述我们的业务及其运作方式。我们开发了自己的系统，用于观察什么模式在那里起作用，以了解我们的模式适合用在哪里，这对于我们来说是至关重要的。

我们的土地和社区

Letterbox 农场位于纽约，在美丽、广阔的哈德逊山谷中，占地25.9 公顷，由田野、林地和峡谷组成。过去，这片土地曾经被用作奶牛场、果园，随后成为干草田。我们之所以知道这一点，是因为到了现在，在我们的畜棚里、在商店的椽子上，以及在我们田地里遗留的一堆旧的、生锈的设备堆里还可以看到这些过去的痕迹。在我们租下这块土地的两季后，租给我们这块土地的老农场主去世了，他没有继承人，所以我们买了这片土地。我们为了筹集购买土地的资金，把 25.9 公顷土地中的 22.7 公顷的开发权卖给了一个土地信托公司。这项决定有两大好处：它使我们的购买价格降低了 1/3，

并保证我们的农田可以保留几代。

我们的社区有大约 7000 名常住居民，他们有着不同的文化和经济背景。我们的农场就在我们密集的小城的边缘，这在某种程度上让其成为哈德逊的后院。我们离纽约市有 322 千米，这个距离足够近，能使我们体验到这个似乎无限的市场的好处，但又不足以近到可以依赖它。

我们很幸运地可以与其他数百名农民居住在一个县，既有新手也有经验丰富的农民。这种异常高度集中的农业使我们能够从中获得宝贵的资源和知识。作为这样一个社区的一部分，当我们的甘蓝没有发芽时我们可以找到幼苗代替，并且当我们到宾夕法尼亚州挑选雏鸡时可以借到一货车昂贵的禽用运输箱。由哈德逊山谷青年农民联盟组织的一个强大的网络小组使我们能够得到关于当地屠宰场的建议，以及哪里有最便宜的番茄箱。我没法告诉你我从我们社区慷慨而又智慧的居民那里得到了多少次帮助，因为次数已经多到数不清了。

Letterbox 农场由 3 名全职农民共同拥有，每个人都是具体任务和项目的领导者。

我们有一个蔬菜经理（Faith），负责规划和执行我们不断增长的商业菜园的许多活动。在季节性团队成员的积极帮助下，她采用小规模集约化种植的方式，种植了 1 公顷的绿植、香药、蔬菜和可食用花卉。

我们的土地经理和机械天才是拉斯洛，他负责我们农场的日常维护需求，比如收割牧草和修整田地，同时也保障我们的拖拉机、车辆和其他设备处于最佳状态。

然后是我，畜禽经理。我目前管理着大约 400 只（说真的，确切的数字取决于老鹰）散养蛋鸡、30 只左右的放牧猪、一个拥有

24 只母兔的养兔场，同时我还管理着我们的放牧家禽，每年出产3000 只肉禽，这是我们养殖业经营的基础。

除了 3 个核心农民外，我们每年还会引进 4 位全职的团队成员和几名优秀的志愿者，以帮助我们维持农场顺利运行。所有的全职员工（包括拉斯洛、费丝和我自己）都从 Letterbox 农场中获得我们的主要收入。虽然我们偶尔会做些副业，最常见的是农业相关的工作，比如农民教育或研究，但我们非常依赖我们的农场经营来支付农场产生的所有的费用（包括偿还抵押贷款和其他投资），并支付我们的工资。

虽然许多农场的运营依赖于各种形式的无偿劳动，如学徒、实习生等，但我们的经营预算是建立在这样的假设基础上的，即每一项必要的任务都是由有报酬和较为固定的工作人员来完成的。我们很幸运，我们有一个非常可靠、专注和勤奋的固定志愿者伊登（Eden）。但总的来说，我们认为建立一个依靠无报酬劳动的商业计划是不明智的，尽管我非常理解为什么这在低利润、高风险的农业生产中是普遍做法。

当你设计你的养兔场时，要考虑你的投资和劳动力来源，并计划相应的规模。你是像我们一样，需要农场来支付抵押贷款吗？你是想通过经营农场谋生，还是想让养兔场成为一个赚取额外收入的副业？你是自己干，还是有一个团队？一开始你回答这些问题越实际，你的商业计划就越精确。

了解你的市场

经营一个多样化的农场最大的好处是，它可以联合一系列的优势、弱点、个性和个体本身，朝着一个共同的目标努力。我们喜欢

莫（Moo），我最忠实的伙伴

我们农场涉及的广度，特别是当开始做晚饭的时候，但是在工作的组织上，生产如此多种类的产品可能就成了一场噩梦。以建立销售市场为例，一个很好的食用花卉销售市场通常不是一个理想的猪排或卷心菜销售市场，所以我们必须特别努力，以确保我们的每一种产品有适合的出路。

我们为每一个产品研究相应的销路，我们不得不建立许多不同类型的销售渠道。事实上销售渠道太多了，当人们问我如何销售我们的产品时，我经常考虑列出我们不使用的销售方式，这样可能会更快。现在，我们每周有 6 天（如果算上我们简陋的农场商店就是 7 天）通过 3 个主要的销售渠道销售。

全饮食 CSA

很多人还不了解，CSA 代表"社区支持农业（community-supported agriculture）"，这基本上是农场订购服务。虽然这一概念自 20 世纪 80 年代在美国首次提出以来其内涵一直在稳步延伸和演化，但在传统的模式中，社区会员事先支付一笔固定费用，然后可以在一定时间内每周得到一份农场生产的产品。在我们的全饮食版本中，会员们每周除了可以从我们冷鲜柜或冷冻柜中选择各种各样的分割鸡肉、猪肉和兔肉外，还会带回家一打（12 个）鸡蛋和预先选定的 5~7 种蔬菜。每个成员选择的肉的价钱随后会从会员加入时获取的积分中扣除。这可以让会员吃到他们最喜欢的蛋白质，同时也确保我们的农场产品得到合理的价格。

我们分 3 个阶段运行我们 60 名会员的全饮食 CSA，包括 6 周的春季份额、20 周的夏季份额和 8 周的秋季份额。因为大多数加入 CSA 的会员的目地都是取代他们每周去食品杂货店的行程。我们提供的产品以迎合熟悉人群的喜好和满足家庭日常所需为目标，如番茄和洋葱，而不是一些我们不熟悉的作物，如菊苣和香芹。就肉类而言，我们的会员经常选择可以简单、快速烹饪的食物，如香肠和碎鸡肉，并为特殊场合准备不太熟悉的肉类，如兔肉。虽然可能因季节、当时的烹饪趋势和节假日的不同对需求有所不同，但我们的 CSA 会员中只有一两个人会选择平均每周带 1 只肉兔回家。

农贸市场

每周的周四下午，我们在农场处理我们的 CSA 会员订单，但周六和周日我们去市场。目前，Letterbox 入驻了 3 个农贸市场。我们很幸运，在大多数情况下，我们的市场运营和盈利不错，但并不总是这样。在进入你能找到的第一个公开市场摊位之前，一定要做好调研。在我作为农场的零售经理时，我在考虑新市场时要了解一些具体的问题：

还有哪些其他农场？ 我希望我所在的市场有一个好的、专业的商业环境，所以我寻找有信誉的、有互补性的供应商。互补是关键——寻找有良好的综合业务的市场，并且所有你要出售的产品在这里没有过度饱和。在你调研潜在的农贸市场时遇到另一个兔肉供应商的机会不大，但是如果你遇到一个这样的市场，要确保你加入后它足以支持你们 2 个供应商。

市场管理得好吗？ 我寻找的市场应该有维护良好的网站和经常更新的社交媒体账户。这些都是市场经理选择这个市场的重要指标。如果可以的话，不要选择供应商变化过快的市场。如果企业持续离开，这意味着它们对这个市场并不满意。

这个规模对我们合适吗？ 虽然我们喜欢销售一空，但在每个市场都有足够的产品做一个很好的日常展示也很重要。避免加入对你来说太大的市场，除非你打算在一两个季节内成长到相应的规模。我提供这个建议是因为如果当顾客来你的摊位时你的产品总是售罄，他们可能就不会再来了。

选择市场时要考虑的另一件事是它是否靠近你的农场。依赖农贸市场销售的主要缺点，至少在我们的例子中，是运输。去我们的周日市场只需要穿过几个小镇，但我们的周六市场在我们农场以南近 160 千米处。市场早上 8：30 开放，我们凌晨 3：30 起床，凌晨 4：00 开始装车，凌晨 4：15 迅速出发。拆解帐篷、桌子和招牌，再加上下午的交通情况，往往意味着我们要在 12 或 13 小时后才能回到农场。此外，市场花费可能是昂贵的——摊位费、汽油费、通行费、人工和冷藏的费用。

农贸市场的好处是，无论你的产品的数量有多少，都可以在此销售。这对一个刚成立的、仍然纠结于生产什么产品的农场来说是一个很好的销路。不像我们的 CSA，需要提供明确数量的特定产品，农贸市场更灵活。即使我们只有 57 夸脱（1 夸脱≈1 升）的青椒和 23 把茴香也没什么关系。农贸市场也能让我们与比我们的 CSA 更大的消费者群体建立联系。在任何一个周末，都至少有几千人会走过我们的摊位，看到我们的广告牌，品尝我们的产品，或者拿一张名片。当涉及出售一些不太常见的东西，如兔肉时，宣传可以是一切。你的客户知道在哪里找到你是很重要的，而农贸市场提供关注度和产品的口碑营销。而且一个经营良好的农贸市场会有一个良好的线上展示平台，能进一步帮助你与消费者建立联系。

餐馆

CSA 和农贸市场销售占我们零售业务的大部分，但我们大约 50% 的收入来自批发客户。每个周二和周四，我们给当地的餐馆送货。到目前为止，我们定期与 10 名左右的厨师合作，他们在旺季几乎每周都会向我们订购大量的食物。正是在这些关系中，我们更多的特色作物得到分享。食用花卉、青铜茴香和红梗蒲公英往往不适合 CSA 或市场销售，但在大厨手中，它们可以把一顿普通的晚餐变成令人惊叹的美食。周一，我们通常会为几家当地的整合商打包，它们基本上是中间商类型的公司，从哈德逊山谷的农场购买食物，并以各种方式在全州出售。虽然这类客户通常能拿到我们产品的最低价格，但在销售端它们往往只需要最少的工作量（和资金）。毕竟，没有劳动力成本，不用运输，不用冷藏，也没有通行费。

农场销售

当我第一次设想我们的农场肉兔的销路时，我确信我们的大部分产品都会销往纽约市的高档餐馆。虽然我并没有完全错（我们确实向纽约市的餐馆出售了相当多的兔肉），但我完全低估了另一个主要销路：随机驾车购买。虽然我们的农场位于一个只有 7000 名居民的农村社区，但我们位于一条交通主干道上，这使得每天有几千名路人能看到我们在做什么。直到一天，我把肉兔可移动围栏从农场后面移到路边的草坪上时，我才意识到这也是一种资源。没过多久，就有陌生人来敲门，询问他们是否可以购买一些肉兔。他们很高兴能找到我们。

起初，我想知道为什么我们花了这么长时间才和这些热情的顾客建立联系。我们有 CSA，在许多农贸市场设了摊位，我们甚至在互联网上做了宣传，那些对当地食物感兴趣的人当然能找到 Letterbox 农场！我现在意识到，这些新发现的兔肉爱好者不一定对可持续农业的运作感兴趣。我高估了兔肉在美食家眼中的受欢迎程度，也严重低估了兔肉与其他国家、不同年纪的人和传统农民的共鸣，他们中的许多人不在我们的销售圈子里。现在看来这个错估对我来说很有趣，特别是因为我开始饲养肉兔的灵感来自看见我的老移民亲戚在他们的庭院里养肉兔。他们绝对不是因为吃兔肉时髦而饲养肉兔的。

虽然许多美国人现在才第一次尝试吃兔肉，但它是世界上一些其他地区的常见食品，也是许多美国人传统饮食的一部分。总之，很多人想吃兔肉，只是他们不一定会在农贸市场或互联网上搜索。例如，他们中的许多人，就像我奶奶一样，只是在去商店的路上沿路寻找。因此，放一个让他们看到的小标志，可能会是一个令人惊喜的方式。在我们把肉兔搬到路边的那个时期，我们得到了 3 个不同的客户，每个客户都是已经在当地寻找兔肉很长时间的大家庭。到目前为止，我们每年光向这些家庭就出售 50~75 只肉兔。

我们农场的重点事项

尽管费丝、拉斯洛和我有着截然不同的个性、技能和兴趣，但我们都朝着一个共同的目标一起努力。在我们的农场里，我们一致把 3 件事列为优先考虑的重点事项：

① 土地管理和动物福利。
② 以适当价格出售的高质量产品的生产。
③ 我们社区和农民的健康和福利。

关于最后一点，我们为自己和每一个工作人员制定的目标包括平均每周工作 40 小时、带薪休假和病假，以及公务员水平的薪水。同样重要的是，随着我们的成长、发展和成熟，我们创造出有意义、有吸引力和合理的工作。

在努力经营 Letterbox 农场的 5 年后，我们还没有实现所有的目标。然而，一年更比一年好，在这奇怪的好像我生命中最长也最短的 5 年中，我们取得了巨大的进步。这些进步大部分归因于我们评估现有的每一个农场项目，看它为目标的实现做了多大贡献。如果一个项目没有向正确的方向前进，我们会重新评估这个项目，看看是否能用另一种方式去做。如果找不到新的出路，我们会把它暂时搁置，看看以后在不同的情况下能否成功。但也并不总是这样，我们确实花了几年的时间投石问路，只是想看看什么项目可行。我们的微型山羊群和我们刚刚起步的农场苏打水项目，以及我们漂亮的斑点鹌鹑蛋（没有人想买），都在"错误的地点，错误的时间"文件夹中。但肉兔不是。由于它们初期投资低，需求的空间小，和相对有名无实的劳动力投入，饲养肉兔很快列入了我们的计划。再加上我们卖掉了我们饲养的全部肉兔（而且价格也很公道），这意味着它们被保留了下来。

第三章
肉兔生产方式的选择

　　我们非常幸运可以与几十家顶尖的生产商分享哈德逊山谷。更幸运的是，我们能访问许多地方和国家的信息共享网络和平台。互联网和社交媒体时代的农业让我们快速接触到新的思路，毫不夸张地说，我们的农场从其他人慷慨分享的经验中获益良多。

　　然而，信息过量也是事实，这可能使你不断地将自己的农场与他人进行比较，也很容易让你怀疑自己。这就是为什么必须记住，每个农场都有自己不断变化的生态系统，每个农场都受到其特定的限制，并且拥有独特的机遇。在我们经营 Letterbox 农场过程中，如果说学到了什么，那就是——经营农场是没有一个确定的方式的。

　　如果你在拿起这本书时希望我告诉你到底应该如何一步步饲养肉兔，那么请做好准备——我不会这样做。就像鸡、番茄、马铃薯和羊一样，肉兔可以用各种各样的方法饲养。不过，在本章的末尾，将详细介绍我们在 Letterbox 农场使用的系统，以及它如何运作，或者你如何适应它。你最终选择的系统将取决于你的特定目标、技能、限制条件和资源。

　　在饲养规模上也是如此。确定养兔场规模取决于 2 件事：农场的间接费用和你想赚多少钱。间接费用是经营一份事业必需的费用，

但又无法直接计入某个特定业务成本。它包括营销成本、会计费用、广告费、保险费、租金、水电费、网络托管费、车辆维护费和办公用品费等。你的养兔场越能依托现有的花费，就越有利可图。你需要投入到仓储、市场或用于出售肉兔的资金越多，利润就越少。当你读这本书的时候，要考虑到你独有的环境条件和你的目标，然后做出相应的调整。

肉兔的饲养方式

在我的农场租期内，我目睹了传统饲养肉兔的方法，比如在庭院的小屋里养几只兔子，也见过很奇怪的饲养方式。我遇到过一个饲养肉兔的例子，我认为它特别好地说明了饲养方式的无限可能。

一个夏日，我和一位在附近经营干草农场的先生在屠宰场里聊了起来。当他看到我在那里加工肉兔时，他告诉我他最近获得了一对种兔。通过聊天，我了解到他没有像大多数人那样把肉兔养在兔笼里，而是把它们散养在谷仓的阁楼内。他给它们提供水，除此之外，他让肉兔自给自足。对他储存在谷仓里的干草，那对兔子夫妇想怎么吃就怎么吃，然后在这里生儿育女。在他发现之前，他已经拥有了一个满是肉兔的谷仓。每当他想晚饭吃兔肉的时候，他就上阁楼抓一只。现在，这个非传统的方法可能会出现一系列潜在的问题，所以我绝对不建议你尝试，但关键是：不管什么原因，即使是这种完全不受约束的方法对有些人也是有效的。就像我说的，经营农场是没有一个确定的方式的。

当然，有些方法比其他方法更受欢迎，这往往是有充分理由的。肉兔有 2 种常见的基本饲养方式：金属笼饲养和群养。每种饲养方式都有无限的定制化方案，我们将从基本知识开始介绍。

金属笼饲养

网格底的笼子是整个以金属笼为基础的肉兔饲养系统的核心。虽然听到"笼子"这个词就会有许多反对的声音，但对于外行人来说，尽量不要急于判断。虽然我没有亲眼见过工业化养兔场，但从我所了解到的信息可以确定，在许多以笼养为基础的饲养系统中，担心动物福利是有很多理由的。在笼养的养兔场中，确实存在过度拥挤、不卫生的环境、恶劣的空气质量，以及普遍存在的处理不当和治疗不当等问题。然而，这些问题几乎都与这些特定养兔场饲养管理不善有关，而不是使用笼子本身。事实上，虽然我们的农场不是只使用笼子，但笼养肉兔确实有几个令人信服的理由。

金属笼饲养是商品肉兔生产中最常用的方法。在这个系统的传统版本里，所有种兔及其后代都被饲养在一系列有金属网格底板的笼子里，因此称之为金属笼饲养。这些笼子有2个重要的功能。第一个功能是保持每只肉兔相互分离，这样可以精确控制繁殖——这对保持良好的遗传性状、保证准确的生产记录和最大限度的生产至关重要。把肉兔饲养在笼子里的另一个好处是减少了动物之间的接触。这是许多商业生产者优先考虑的事项，因为它通过控制3个最常见的致病原因来降低疾病传播风险：外部接触、兔与兔的相互接触和粪口传播。

笼子的第二个功能是维持养兔场的良好卫生。金属网格笼底可以使排泄物和食物残渣通过底板掉到地上或掉入收集盘，以便于保持居住环境的清洁和干燥。潮湿或脏的环境会导致肉兔出现呼吸、肠道、皮肤和脚部问题，虽然可以用实心笼底（用松木刨花或稻草这样的基质来吸收尿液和粪便）来安全地饲养肉兔，但要保持这些饲养单元的清洁可能会更困难、更昂贵、更费劳动力。

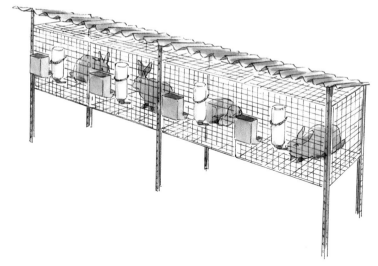

传统兔笼可以放置在室内也可以放置在室外

　　金属笼饲养可以使用各种各样的设施装备。大规模饲养时，商业生产者通常选择完全由金属材质做成的饲养单元，可以安装在墙上或悬挂在天花板上，离地面大约 1.2 米。这个高度使肉兔可以远离它们的粪便，同时让农民可以舒服地对饲养单元进行清洁和操作。庭院生产者、农场所有者和宠物主人可能会使用传统的户外木制兔笼，其金属网格底板的样式与大型养兔场的相同。也有采用层叠式笼养的，这对那些空间有限的人来说是最好的方式。在这种模式中，笼子是叠在一起的，每层下边有一个滑动轨道，放置有一个底盘。底盘内放有木屑、纸板或报纸来吸收尿液和收集粪便，这些底盘会被定期清理。

　　除了卫生方便外，笼养肉兔也是非常高效的。笼养肉兔比在开放平台中饲养的肉兔的生长速度快得多。原因很简单：肉兔在较小的空间中活动消耗的热量较少。此外，在气候可控的环境中饲养的

一个肉兔群落可以饲养在任何容纳多只肉兔的开放空间，包括普通房间、畜舍畜栏和户外围栏

动物可以消耗较少的能量来维持其自身需要。虽然对几乎所有的家畜来说，在限制的空间里饲养比在户外饲养生长得更快，但我们从来没有单独因为这个原因把动物养在畜棚或笼子里。动物在新鲜的空气里和草地上较慢地生长，恰恰非常吸引人去购买。我们需要增加动物的自然行为，改善土壤，增加风味，而不是努力在一周的每一天节省几美元。然而，对我们来说，重要的是保护动物的安全。笼养实际上可以防止动物被捕食，避免其与外界动物接触，减少了伤害、疾病和死亡。

但金属笼饲养也有缺点。从经济的角度来看，基于笼养的系统可能需要比其他系统更高的初期投资。这是因为每一对用于繁殖的公兔和母兔需要自己的笼子、喂食器和饮水器，而后代生长还需要额外的笼子。特别是与一些以放牧为基础的饲养管理相比，基于金属笼的系统也可能需要更多的日常管理和粪便清除方面的维护。但

对我来说，这种方法真正的缺点是它对鼓励动物表达天性没什么作用。这些系统中的肉兔不能像在野外饲养的肉兔那样挖掘、觅食或相互交流。这是许多生产者感到悲伤的主要原因，他们像我们一样，努力为动物创造尽可能天然的环境。几代农民一直在寻求补救这一问题的方法，许多人已经在第二种最常见的饲养方式——群养中解决了这个问题。

群养

群养是一个包罗万象的术语，指分群或"群落"饲养肉兔。其核心是，群落是一个没有兔笼的环境，种兔在这种环境中繁殖，并和它们的后代生活在一起，组成大小不一的群体（通常公兔是分开饲养的，以防止非计划繁殖）。一个兔群可以被安置在室外的可移动围栏内或底盘上，也可安置在室内的畜棚、畜栏或室内的谷仓里。其中的变化是无穷尽的，往往是由饲养操作的规模和生产者的可用资源决定的。

已经知道的最早的群养肉兔的例子可以追溯到中世纪。来自英国的历史文献和地图描述了遍及农村的"肉兔养殖场"（这些养殖场也被称为肉兔草地）。肉兔草地是人工封闭的户外空间，用于繁殖并饲养生产兔肉和毛皮的肉兔。传统肉兔草地的中心是巨大的枕状的土墩，长 6.1~30.4 米。它们是通过沿着养殖场的四周挖一条椭圆形或雪茄形的深沟来建造的，把柔软的泥土堆到中间，然后弄平滑。肉兔被散放到土墩上；在周围的沟渠里填满水，充当护城河，以防止肉兔逃跑和被捕食。当收获的时候，农民们会用手工制作的网来捕捉肉兔，有时还会用狗把兔子从洞穴里赶出来[1]。

以这种方式饲养肉兔在英国的部分地区持续了很长一段时间，据说一直流行到 1891 年的大暴雪前。1891 年的大暴雪造成肉兔饲

在肉兔草地系统中，肉兔被安置在一个周围有物理屏障的户外大围栏里。移动的保护装置为兔窝提供保护，使其免受外在因素和意外的影响

养数量大幅下降。农民最终从暴风雪中恢复过来，稳步重建肉兔的生产，直到 20 世纪 50 年代一种高度传染的兔黏液瘤病暴发，几乎再次灭绝了这一物种。从那时起，养兔行业再没有得到完全恢复[2]。

　　然而，近年来，这种饲养方式又焕发了生机。这在一定程度上归功于一位美国农民最近进行的一项试验研究成果的发表。该试验由东北可持续农业资源和教育计划资助。通过研究，这位农民开始恢复这种传统的肉兔饲养方法，并使其适应今天的农业生产方式。为了向这种古老的传统饲养方式致敬，它被称为肉兔草地系统。

　　为了扩大肉兔草地的潜在效益，这位农民选择使用由相连的拱形板制成的便携式围栏来保护肉兔，而不是使用固定不变的沟渠。这一变化让肉兔可以定期移动。他每 36 小时就把围栏打开 1 次，把兔群转移到新的牧场。这本质上是粗放的放牧，是一种短时间、高强度的放牧，适合密集放养的动物。以这种方式，农场主能够饲养健康的、以草为食的肉兔，同时修复矮小的牧草。不断地进入新

的牧场也意味着这些肉兔可以完全以饲草为食，因此不需要任何商业饲料。

除了创造性的可移动围栏系统外，他还设计了一个移动的兔窝，肉兔可以在那里躲避恶劣的天气。为了使母兔在一个安全的地方产仔，在移动兔窝内设置了受保护的筑窝空间。在这个新的肉兔草地系统中，肉兔能够自由地挖洞、觅食和相互交流，达到了基于金属笼饲养系统所不能提供的所有目标。这是一个完整的系统，其细节见报告《肉兔草地（Coney Garth）：管理繁殖母兔的一种有效放牧饲养方式》，你可以在 project.sare.org 上下载这个报告[3]。

虽然这种现代化的肉兔草地系统可能是现在群养方式中最值得关注的一种，但它绝不是唯一可用的系统。还有很多农民也在室内和牧场上成群地饲养肉兔。不久前，我参观了纽约厄尔维尔的一个养兔场，在那里我遇到了2位农民，他们利用他们畜棚里原本用来饲养大家畜（如山羊）的小隔栏，来饲养繁殖母兔和公兔。在这个没有兔笼的系统中，成群的繁殖母兔和它们的后代一起被饲养在小隔栏的地面上，而成年公兔被分开饲养，以避免计划外繁殖。当准备繁殖时，农民们把母兔放到公兔栏里进行配种，然后再把它们送回原来的隔栏。

因为种畜被饲养在不变的小隔栏的地板上，所以人们需要努力保持这个区域清洁和干燥。1只母兔和它的后代们可以在1年内生产1吨的粪便，这可以收集大量的粪便！然而，由于所有的肉兔都是在一个地方采食和饮水，所以日常清理是非常关键的。同样，不用兔笼及相关设施意味着他们需要的前期投资非常少——对于资金有限的农民来说，这是一个巨大的好处。

当妊娠母兔准备产仔时，它们可以自由地使用农民提供的所有材料来做窝。这些材料包括不同形状和尺寸的盒子，以及各种各样的垫料如干草、稻草和刨花。当仔兔长到6周龄时，它们被运送到户外的移动肉兔饲养单元内，这是一个有顶无底的平台。他们将养鸡用的网格折成周长为30.5厘米的金属网，钉在饲养围栏的边缘，这可以阻止肉兔挖洞逃脱。这些平台每天移动1~2次，以保持肉兔处于一个干净的环境中，并让它们采食新鲜的牧草。

他们使用颗粒饲料作为肉兔的主要营养来源，每个饲养单元都配备了饮水和饲喂系统。然后，肉兔用自由采食的牧草作为补充饲料。12~16周龄的生长兔，会被从饲养单元中捉走并屠宰。它们在这个时期的目标活重为2.3~2.7千克，胴体重为1.4~1.6千克。

除了较少的启动资金外，这种方法与其他饲养方法相比有一些关键优势。在安全的畜舍畜栏和封闭的肉兔饲养单元中饲养肉兔可以有效地防止其被捕食者伤害，而在肉兔草地系统中，兔群很容易受到捕猎者的伤害。将6周龄的仔兔与母兔分开，并将它们转移到小型饲养单元内，可以使准备上市的肉兔易于被识别和捕捉。群养肉兔，而不是单独笼养，使它们可以相互交流，同时放牧饲养为它们提供了挖掘和觅食的机会。

正如你可能知道的那样，我们Letterbox农场是群养和放牧饲养肉兔的忠实粉丝。我们特别喜欢这些系统，因为它们鼓励肉兔天性的发挥，增加饮食的多样性和营养，改善土壤，并节省资金。

群养系统中的挑战

你可能在想：为什么不是每个人都用这种饲养方式呢？不管怎样，这也是我开始饲养肉兔的时候想知道的。然而，我花了不长时间就了解到，群养和放牧饲养会带来一些相当严重的风险，在开始饲养之前你应该考虑这些风险。

记录保存

在我们讨论过的 2 个群养系统中，都有相当多的因素会造成记录保存混乱。首先，把所有的母兔饲养在一起，很难分清每一只母兔。没有笼子可以用来挂它们的名字标签，所以除非你对细微的差异有敏锐的洞察力和超强的记忆力，否则你需要给繁殖母兔刺号或做标记，以便追踪它们的繁殖状况。

在这些系统中也很难追踪仔兔。兔奶的营养非常丰富，含有高达 12% 的脂肪，而我们熟悉的牛奶的脂肪含量只有 4.5%[4]。这种高脂、高蛋白质的母乳使得母兔每天只需喂奶 1~2 次。肉兔主要在黄昏和黎明活动，它们通常在早上很早就哺乳，然后在晚上晚些时候再哺乳。这意味着你可能看不到母兔护理它的仔兔，所以除非你错开繁殖期，以确保 2 只母兔不会同时产仔，否则可能无法分辨仔兔属于哪只母兔。这对业余饲养者来说可能不是什么大事，但对商业肉兔生产者来说，不能追踪种兔的繁殖情况的影响是很大的。

生长速度

就像我说的那样，可以在更大的空间跑来跑去的肉兔会消耗更多的热量。此外，将饲草作为单一营养来源的肉兔比用颗粒饲料饲养的肉兔生长要慢得多。在以金属笼为基础的饲养系统中，中型的肉兔品种通常在 8 周内达到 2.5 千克的活重。正如我提到的，我了解的以群养方式饲养的肉兔在 12~16 周才能达到相同的目标体重。而在上述报告中的肉兔草地系统饲养的肉兔需要 26 周，这个时间是笼养肉兔的 3 倍以上。

然而，缓慢地生长并不一定是坏事。相关研究和市场调查表明，生长较慢的、饮食更多样化的动物可以生产出更健康和更美味的肉。

作为有可持续性观念的商业农民，我们一直努力在质量和效率之间取得完美的平衡。

劳动力需求

厄尔维尔的群养肉兔事实上对劳动力的要求非常低，只需定期清理隔栏。而肉兔草地系统的报告表明，每天至少需要 1 小时来转移兔群。同时，每周还需要额外用 1 小时来集合肉兔进行定期的健康检查。这比从小隔栏里抓肉兔所需的时间要多得多，更别提从笼子里抓肉兔了。相比之下，对类似规模的笼养肉兔，仅需要每天用 15~30 分钟来完成相关的所有日常管理工作，包括饲喂、饮水、检查和繁殖。当然，这不是支持笼养肉兔的理由，但是知道每种方法的局限性，农民就有权选择适合他们（以及动物）的方法。

打架

不是所有的肉兔都和其他肉兔相处得很好，特别是妊娠母兔和公兔，因为两者都可能产生粗暴的地盘意识。敌对的肉兔很快就会严重伤害甚至杀死兔群中的其他成员。然而，可以通过淘汰具有侵略性的肉兔和选育温顺的肉兔来减少这种不良行为。

仔兔死亡风险较高

没有从兔群分离出来的母兔与仔兔很容易受到其他肉兔的攻击或意外伤害。如果母兔在牧场上产仔，就像在肉兔草地系统中那样，仔兔就暴露在会导致疾病和死亡的各种因素中。即使这个系统为母兔提供了保护空间来产仔，但在做窝时，许多驯养的肉兔母性很差。因为人类笼养肉兔已经很长时间了，在驯养过程中农民没有

着重考虑肉兔的性格类型，并且这些本能中的许多都是从现代遗传系中培育出来的。驯养的肉兔在开阔的地面上做窝是很常见的，在那里，仔兔没法抵御日晒、雨淋、大风或严寒，更别提饥饿的猫头鹰了。虽然厄尔维尔的群养系统报告了 10%~20% 的仔兔平均死亡率，但在行业内这是一个相当正常的数据。肉兔草地系统的报告中提到，在牧场上出生的 305 只仔兔中，只有 75 只活过了 5 周龄，这是 75% 的死亡率。

疾病风险较高

在户外饲养的肉兔可能会与野生家兔接触，而野生家兔可能是多杀性巴氏杆菌（一种可引起呼吸道疾病的细菌）和其他传染病的被动携带者。在户外饲养的肉兔也会接触到生活在土壤中的寄生虫，比如球虫，随着时间的推移，同样会导致严重的健康问题。一旦疾病出现，就会很快地通过兔与兔的接触和粪口传播。群养系统有助于这两种疾病传播方式，使动物面临更大的风险。

金属笼 – 放牧混合饲养方法

如果你之前不理解，现在你可能会明白我的意思，经营农场是没有一个确定的方式的。几乎每一个好处都会有其代价。我们在 Letterbox 的目标是兼顾为我们的动物提供最自然的环境和避免最严重的风险。毕竟，如果一只动物不断地与疾病做斗争，它真的能在牧场上得到快乐吗？

我们的养兔场要想长期持续发展下去，必须在 3 个不同的方面达到平衡：首先是为了我们的动物，其次是为了我们的农民，最后

Letterbox 农场的室内养兔场

是为了我们企业的发展。金属笼饲养在操作上很容易，但它并没有关注动物需要什么。群养对动物和农民都有好处，但在记录保存和生长速度缓慢方面的挑战使这种方法成为一种爱的劳动，而不是一种经济上的机会。肉兔草地系统因其有限的基础设施、大大降低的饲料成本而使成本效益较好，但却是一种劳动密集型的方式，并且死亡率太高。我们花了几年时间进行了大量的尝试，经历了失败，但最后我们依靠金属笼－放牧混合饲养系统解决了这些问题。

在我们试图优先考虑好的方面并尽量减少伤害的过程中，我们决定选取每一种方法中的精华，并试图剔除其中最不好的那部分。在金属笼－放牧混合饲养系统中，我们将种兔留在笼里，仅仅是为了减少放牧过程引发的疾病（如寄生虫感染）和传染病（如病毒暴发），这大大降低了仔兔的死亡率。由于每一对母兔和公兔都被放在各自的笼子里，保存记录非常简单，并且种兔没有任何逃跑或被捕食的情况发生。为了在以金属笼为基础的饲养环境中最大限度地增加肉兔表达天性的机会，我们买了大笼子，并为我们的种兔提供新鲜的牧草和大量的干草，以努力模仿可以在牧场上获得的多样化饮食。

6~8 周龄的生长兔被转移到户外放牧围栏内，我们称之为肉兔饲养单元，在那里，它们生长到可以被屠宰。感染巴氏杆菌仍然是金属笼－放牧混合饲养系统中存在的一个风险，但寄生虫不再是问题。这是因为，根据我们的经验，寄生虫的轻度感染往往需要几个月的时间才能在健康的青年兔群中引发健康问题。除非遇到特别严重的疾病暴发，否则在像球虫病这样的疾病充分表现出来之前，我们的肉兔已经被屠宰了。这就是我们把寿命较短的生长兔而不是我们饲养 2 年或 2 年以上的种兔群放在户外饲养的原因。

我们使用的饲养单元的设计方案在本章后面有更详细的介绍，但可以总结为：我们有几个面积为 1.8 米 ×2.7 米的围栏，每个围栏一次最多放 4 窝（24~30 只）肉兔。饲养单元的底板是网格大小为 5.1 厘米 × 10.2 厘米的焊接金属网，既能防止肉兔挖洞，又不影响肉兔觅食，同时在每次移动后粪便和食物残渣仍然留在原地。它们坚固耐用，并且 1 个人就可以很容易地移动。有些人说，肉兔不会吃被金属网格底板压趴的植物。根据我们的经验，完全不是这样。我们的肉兔可以长时间饲养在草长得不高或质量不好的牧场（刈割后的干草地）上，它们会拖拽采食网格底板下的草。

你在建造肉兔饲养单元时会有许多的选择，其中很多都很好用，只需要确保以下几点：

便携的。饲养单元应当易于运输，并且不会伤害里面的动物或移动饲养单元的农民。

有覆盖物可以躲避不利天气。饲养单元应该通风良好，提供阴凉，保护肉兔不受风雨的影响。

无法逃脱。有多种方法可以防止肉兔挖洞逃脱，同时不影响其觅食。焊接的金属网、木条底板和鸡用金属网都在我参观过的不同农场得到了有效应用。

我们的围栏底使用了网格大小为 5.1 厘米 × 10.2 厘米的方格金属网，且每天移动饲养单元 1 次。对于一个新兔群来说，最初几次移动可能有点刺激，但它们很快就学会了站在金属网上享受被带向新鲜食物的乐趣。然而，重要的是移动的动作要缓慢，要细心，避免在这个过程中伤害任何人或动物。

在饲养单元里，不需要鉴别肉兔的性别，也不需要按性别把它们分开。如果在 16 周龄或更早的时候屠宰肉兔，因为这时它们还未发情，不必担心计划外妊娠的问题。然而，如果计划饲养肉兔到 16 周龄以后，就需要把母兔和公兔分开，以避免意外交配。

排成一排的肉兔饲养单元

　　除非有疾病暴发，否则我们不会在饲养下一批肉兔前对饲养单元进行消毒。我们只是清理饲料和饮水设备，利用太阳做剩下的消毒工作。

　　最好尽可能长时间地在新草地上进行轮牧，但我们发现，通常我们可以在 30 天间隔周期后再回到最初的放牧区域。如果你遇到了持续暴发的疾病，一旦饲养单元空下来就立即消毒，并把它移到新的草地上，理想的草地是已经 1 年或更长时间没有饲养过肉兔的地方。这样应该足以结束下一批的循环性发病。

　　当把几窝仔兔从单独的笼子里聚集在一个饲养单元里时，我们有时会发现，刚开始它们会四处奔跑、互相试探，直到适应了新环境。这是正常的，疯狂的精力将在几小时后释放干净。我们的兔群

将好奇的生长兔移入它们的新住所

内没有太多的打架现象，因为我们的整个兔群都很温顺。然而，偶尔也会有肉兔打架。如果这种情况发生，只要把打架的肉兔关进一个空的笼子或饲养单元，然后恢复正常的饲养即可。

金属笼－放牧混合饲养系统中的兔舍

我们的兔舍的发展是一个漫长的过程。一开始，我们用的是邻居旧谷仓一个不起眼角落里混着堆在一起的废弃笼子。它们的高度和大小都不一样，是节约的建造者用收集的各种废料做成的。在那以后我们建造了我们的第一个肉兔饲养单元。它是一个奇怪的小三角形的区域，足够 7~8 只肉兔生活，有一个保护的隔间，用于妊娠母兔产仔。我们本想为每只母兔建造一个这样的住所，

这样它们就可以在牧场上生活一辈子。但这个方案没起作用。这种兔舍很笨重，建造起来也很昂贵，而且正如你可能已经猜到的那样，我们没有幸运到让那些兔妈妈们在牧场上哺育健康的仔兔。所以，当我们来到现在的农场时，我们就知道是时候建造更好的兔舍了。

兔笼

我们想把我们的种兔饲养在金属笼里，我们从 KW 笼具公司购买了一些全新的金属笼。KW 笼具公司是一家位于加利福尼亚州的养兔设备公司，产品销往全国各地。我们的兔笼有 91.4 厘米宽，76.2 厘米深，45.7 厘米高，这对于一只达到平均产仔数的母兔和它的仔兔足以满足需要，我们在冬天空间紧张时会这么做。因为我们将这些笼子用于产仔，所以我们购买了仔兔保育型的兔笼，这种兔笼的底板上有更小的金属网格，可以防止仔兔腿部受伤。

这些笼子都是金属网做的，送来的时候是包好的金属网和一袋用于组装笼子的 J 型夹。我们只需要花几分钟用 J 型夹将金属网拼接起来就可以，唯一需要的工具是一把 J 型夹钳和一些用来剪出喂料器缺口的剪刀。这种风格的笼子不会有任何支架或其他类型的底座，所以你需要决定如何把它们从地面上抬起来，如悬挂笼子或建造桌架（没有桌面，所以粪便仍然可以掉到地上）来安装笼子。一个快速的在线图像搜索可以向你展示放置方式无限的可能性。无论你怎样放置它们，一定要把成本计入养殖预算（参见第十二章中的介绍）。

今天，我们把笼子挂在畜舍的檩条上，我们的畜舍是一个 29.3 米 × 9.1 米的温室。我们使用一个简单的支架、双环链和 S 形钩组成的系统来做到这一点。我喜欢它，因为笼子下面没有东西会

我们的公兔布伦瑞克（Brunswick）在它的兔笼里

阻止粪便掉到地上。在把兔笼悬挂起来之前，我们只是用煤渣砖把它们支撑起来。这是一个可以接受的临时解决方案，但无论兔笼放在哪里，粪便和毛发都会堆积起来，而且清理笼子下面很辛苦。虽然必要时兔笼可以平稳地放置在煤渣砖上，但我不建议以此作为一个长期的放置方式。

用S形钩把笼子挂在链子上，可以让我们在几秒内把它们拿下来。这样设计，就可以拆解整个养兔场，如果愿意的话，还可以用拖拉机打扫畜舍。没有平台或支架意味着所有的粪便通过金属网漏到地上，保持笼子一直清洁和干燥。每只繁殖母兔和公兔都有自己的笼子。当需要更多的空间时，也有一些额外的笼子用于仔兔生长。额外的笼子的数量取决于肉兔平均产仔数的多少，但为每4只母兔准备1个额外的笼子是很合理的。

仔兔保育型兔笼的底板上有更小的金属网格

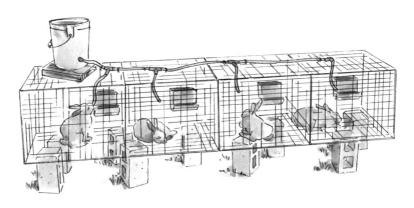

必要时我们临时放置的兔笼，但这并不是理想的放置方式

放牧围栏

虽然我们第一个奇怪的三角形饲养单元对肉兔不起作用，但它对我们养了几年的鹌鹑来说确实很好用。然而，这个饲养单元在我

们现在不养鹌鹑的农场正式退役了，但谁知道它将来会有什么用处呢？我们的许多畜禽基础设施都是这样运作的，从一件事开始到最后用于另一件事，我们现在的肉兔饲养单元就是一个完美的例子。在我们的肉禽事业还没今天这么大的时候，我们建造了一些由约翰·苏斯科维奇（John Suscovich）设计的无压力肉鸡饲养单元来饲养我们的肉鸡。它设计精巧，可容纳30只左右的鸡，它为我们很好地工作了几个季节。当我们开始扩大我们的肉禽饲养规模时，这个设计被证明太小了，不适合我们的需要，所以我们建了更合适的设施。事实证明，约翰的无压力肉鸡饲养单元用于饲养肉兔很完美，经过几个小的调整，我们能够把我们的旧肉鸡饲养单元改造成新的肉兔饲养单元。

我们喜欢这样的饲养单元的原因为：首先，它是强大而坚固的，但依然很容易被一个人移动。高拱设计允许最大化的通风，同时为

一旦打开轮子，这些饲养单元就变得非常容易移动

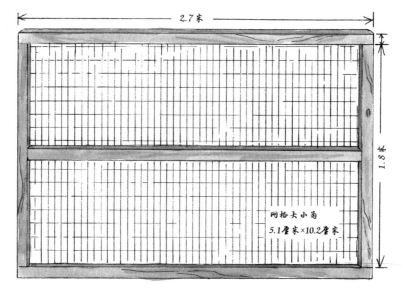

一个简单的调整就把开放式的肉鸡饲养单元改造成了防逃跑的肉兔饲养单元

肉兔提供阴凉和保护兔受天气的影响。它们的价格实惠，如果建造正确，能使用多年。我们的已经使用 5 年多了，现在看起来还是崭新的。多年来，我们所需要做的就是更换一下各处的防水布。我们喜欢这些饲养单元的另一个原因是因为它们看起来很漂亮，这在我们的农场并不是最重要的，但总是会影响我们的选择。

你可以在约翰的电子书中找到这种饲养单元的规划，也可在他的网站上查阅 [5]，只要 10 美元，很超值。为了把它改造成一个肉兔饲养单元，我们只需沿着中心把一根木条纵向地钉在网格大小为5.1 厘米 ×10.2 厘米的金属网上，就可以防止肉兔挖洞逃脱。方形金属网可以很方便地做到 0.9 米长，中间一拼就很适合 1.8 米宽的饲养单元。这种饲养单元长 2.7 米，宽 1.8 米，可以容纳 24~30 只肉兔或 4 窝达到平均产仔数的仔兔，非常好用。

肉兔饲养单元的背面视图

喂料器和饮水器

我们为每个笼子配备 1 台可装 1.9 千克饲料的筛式金属喂料器，并在每个饲养单元内安装 2 个。该设备也是从 KW 笼具公司购买的。对于饮水，我们将 20 升的桶连接到内径为 7.9 毫米的塑料管上，末端为乳头式饮水器。乳头式饮水器非常便宜，可以很容易地从网上买到。我总是备着一袋额外的乳头式饮水器，因为它们容易粘连或漏水，需要更换。我们每天逐个检查 1 次，以确保它们都正常工作。

我们在畜舍里每 10 个笼子用 1 个桶，放牧时每个饲养单元用 1 个桶。在饲养单元里，我们用塑料三通将水从水桶中引入 2 条不同的管道，这样多只肉兔可以同时饮水。

冬天的水管容易冻住，我们为每个笼子配备了 1 个饮水盆，用

来饮水，在夏天太热时也可用作后备水源。在宠物店买这些会很贵。取而代之的是，从像 KW 笼具公司这样的畜禽设备供应商处购买，在那里，每个售价约为 1 美元。我喜欢可以夹在金属网上的硬塑料做的那种。

———————

　　现在你已经了解了这个最适合我们的系统。我希望这个系统对你也有用。不过，如果你选择了其他方法，或者决定发明自己的方法，也不要担心，因为大多数的肉兔基础饲养环节在所有系统中都一样。在接下来的章节中，我们将介绍品种选择、饲料和饮水、繁殖、兔舍和加工等方面。每个基础环节都可以调整，以适应这里所介绍的系统和所有你自己设计的新系统。

第四章
品种选择

在考虑从事畜禽养殖之前，我就一直痴迷于动物品种。在我的童年记忆里，我对这门特殊学科的兴趣是在小时候第一次看原版的《101 忠狗》后产生的。在电影中有这样一个场景：领头犬庞哥（Pongo）从它的主人罗杰（Roger）的公寓的窗户向外看，在楼下，人们带着有他们相似特征的各种纯种犬宠物列队前进，有一只阿富汗猎犬大步走来，旁边是一个又高又瘦的女人，留着又长又直的头发，一只优雅的贵宾犬引导着一个时髦的伦敦人，一只小而胖的哈巴狗在一位矮小的胖女士旁边小跑着。事实上，在超过 1000 年的时间里，人类设法捕捉一些野生犬类，并使它们神奇地发展成了适合我们每个人的完美伴侣，它们之间的差别就像我们之间的不同一样，这让我惊奇不已。今天我仍然认为这一切都很酷，我喜欢去探索是什么使每个品种的动物如此特别。

据我们所知，人类驯养兔子已经至少有 1500 年了，在此期间，70 个国家和地区培育了 300 多个品种的兔子。其中，美国家兔品种协会（ARBA）认可 49 个品种，就养兔生产的目的而言，根据使用情况可以分为 3 类[1]。

安哥拉兔是一种毛用兔，以其柔软的毛而闻名。照片由 *Gygyt0jas* 拍摄

毛用兔

　　大多数人一想到毛就会想到绵羊，但实际上，这种柔软、卷曲、不断生长的毛可以来自许多不同的动物。山羊、羊驼、牛甚至骆驼都被世界各地用来生产毛。说到兔子，安哥拉兔是最常用的毛用品种。生产者通过剪掉或梳理来得到兔毛。安哥拉兔的毛质量非常好，以其柔软、温暖和蓬松而闻名。泽西长毛兔、狮子兔和美种费斯垂耳兔（长毛垂耳兔，译者注）也是毛用品种的兔子，但由于它们体形小，通常被作为宠物和展示动物而不用于兔毛生产。

　　因为这些品种的兔子是为了追求毛的质量而不是肉的品质，所以如果以生产兔肉为主要目标，我不会考虑这些品种。毛用兔需要定期

弗朗德巨兔是家兔品种中体形最大的。照片由 *vronja_photon* 拍摄

刷毛和其他特殊护理，而肉用品种则不需要，因此，虽然兔肉可能是兔毛生产非常好的副产品，但兔毛作为兔肉生产的副产品意义不大。

皮用兔

一些兔子是专门为了生产毛皮而培育的。皮用兔通常有短而闪亮的毛皮，不像毛用兔一样有着长而毛茸茸的毛。它们的毛皮，即仍然附着毛的皮，可用于制作帽子、芭蕾舞鞋、手套和许多其他服饰。因为力克斯兔（獭兔，编者注）、缎毛兔和银狐兔的体形适宜并且毛皮品质理想，所以它们是毛皮生产中最常用的品种。皮用兔必须被饲养到成熟期（至少 5 月龄），才能获得面积足够

大和质量足够高的毛皮。在美国，兔毛和兔皮市场都是有限的，所以饲养这些品种的大多数是爱好者。

肉用兔

一个好的肉兔品种主要特征有 3 个方面。首先，它们必须高效快速地生长。第二，它们需要良好的母性，使得它们通常可以哺育 8 只或更多的仔兔。第三，它们必须长到合适的体重，具有良好的肉骨比。在美国，通常要求肉兔胴体重达到 1.4~1.8 千克，并且骨架小。为了达到生产兔肉的标准，成年兔（大于 16 周龄）的体重应该在 4.1~5.4 千克。新西兰白兔和加利福尼亚兔是最常用的肉兔品种。另外，其他 14 个品种也被认可适合用来生产兔肉，下面介绍 9 个最常用的肉兔品种。

美国兔

美国兔第一次被 ARBA 认可是在 1918 年，当时它被称为德国蓝色维也纳兔。今天，它被认为是一个兼用兔品种，这意味着它可以有效地用于兔肉和毛皮生产。美国兔的毛皮是蓝色或白色的，蓝色品种的蓝色是美国兔所有品种中最深的。尽管在 20 世纪上半叶美国兔非常受欢迎，但现在它是美国最稀有的品种之一。它们体形大，温顺，生长迅速，有良好的母性，这些特点使这一品种有再次流行的可能[2]。

美种青紫蓝兔

美种青紫蓝兔第一次被认可是在 20 世纪初，因为它与南美栗鼠（South American chinchilla）惊人地相似，这种兔子由此得名（Chinchilla，音译为青紫蓝兔，编者注）。它们被认为是大体形的品种，成年兔的体重达到 4.1~5.4 千克，并以良好的肉骨比而闻名。虽然今天它们的地位是很危险的，但美种青紫蓝兔曾经非常受欢迎，保持着 ARBA 的单年最高品种登记记录。同样，它也为全世界其他兔品种的培育做了远超其他品种的贡献 [3]。

巨型青紫蓝兔

巨型青紫蓝兔起源于美国，由爱德华·斯塔尔（Edward Stahl）将青紫蓝兔与弗朗德巨兔杂交得到。它已经被纯化超过了 45 年。巨型青紫蓝兔是一种体形特别大的兔子，重达 7.3 千克，天性温顺。它们是一种很受庭院肉类生产者欢迎的兔子，因为它们生长快，在短短 8 周内就能达到 3.2 千克。然而，由于其沉重的身体，巨型青紫蓝兔在金属网上饲养时容易发生跗关节痛，导致其用于商业生产的效果不太理想。巨型青紫蓝兔有时被称为百万美元兔子，因为爱德华·斯塔尔实际上是通过出售这个品种的种兔成为百万富翁的 [4]。

加利福尼亚兔

加利福尼亚兔（或称加利福尼亚白兔）是 20 世纪 20 年代初在加利福尼亚州由一个名叫乔治·韦斯特（George West）的饲养员培育的。他把纯种的新西兰白兔与青紫蓝兔和喜马拉雅兔杂交，后者是它们独特标记的来源。这个品种是迄今为止最受欢迎的商业品种之一，被用于兔肉和毛皮生产，也可作为家庭宠物。它们是一种健壮的品种，以生长快速和母性良好而闻名 [5]。

虽然是混交品种，但这只仔兔看起来非常像它的加利福尼亚兔母亲

香槟兔

香槟兔是最古老的纯种兔品种之一。虽然确切的起源是未知的，但它被认为起源于17世纪初的法国香槟地区。这种兔子有富有光泽的毛皮。虽然这些兔子在美国不太受欢迎，但它们在世界范围内很常见，非常适合兔肉生产[6]。

弗朗德巨兔

弗朗德巨兔是一种体形特别大的兔子，成年体重可达9.1千克。根据吉尼斯世界纪录，体长最长的兔子是一只名为大流士（Darius）的弗朗德巨兔，它的体长达到129.5厘米。这些温柔的动物是非常受欢迎的宠物，尽管它们很大，但它们并不常用于兔肉生产。这是因为它们达到成年的速度很慢，虽然青年弗朗德巨兔实际上生长得很快，但它们在头 70 天大多是长骨骼而不是长肉。当肉骨比提高时，它们通常又太老了，不能作为仔兔和青年兔上市，因此很难被美国市场接受 [7]。

新西兰白兔

新西兰白兔是商业生产中第二常见的品种，仅次于加利福尼亚兔。尽管它们有误导性的名字，但它们也起源于 20 世纪初的加利福尼亚。它们的一个遗传变异是白化病，即缺乏黑色素（使皮肤、毛皮和眼睛呈色的物质）。这就是为什么新西兰白兔有标志性的红色眼睛、粉红色的鼻子和雪白的毛皮。这个品种通常健康、强壮、生长迅速，有良好的毛皮和肉质。发育完全时，它的体重可以达到 4.1~5.4 千克 [8]。

缎毛兔

缎毛兔以其丝质、有光泽、颜色多样的毛皮而闻名。它们起源于 20 世纪 30 年代的印第安纳州，由哈瓦那兔培育而成，基因突变导致了其毛发是中空的。这种中空的毛发使它们的毛皮拥有独特的光泽，并因此得名。缎毛兔是多产的中大体形兔子，有良好的繁殖背景，有助于后代健康生长。缎毛兔重 3.6~4.5 千克 [9]。

银狐兔

银狐兔是美国第三古老的家兔品种。尽管最近它们的饲养量有所上升，但这个品种仍然被认为有品种灭绝的危险。它们的银蓝色的毛皮是独特的，当从尾巴到头被抚摸时，它会笔直地立起来，直到被向另一个方向抚摸。这一特征在其他任何品种的兔子中都不存

一只杂交的仔兔表现出它的缎毛兔祖先的特征

在，但北极银狐犬类的毛皮有此特征，这也是银狐兔品种名称的来源。银狐兔是独特的美国兔品种，其他国家都没有[10]。

———————

在我们的农场，母兔主要是加利福尼亚兔，但也有一些新西兰白兔和缎毛兔。公兔有一种是一半加利福尼亚兔、一半新西兰白兔血统的杂交兔，还有一种是纯种香槟兔。这意味着我们所有的青年兔都是杂交种，而不是纯种。这种杂交方法有其自身的优缺点，我将在第六章中对此进行详述。

第五章
饲养管理

　　我的所有农业导师都是菜农，因此我没有受过正式的饲养畜禽训练。但在 20 岁出头的时候，我花了几个月的时间在诺亚方舟趣味农场里做志愿者。农场位于北加利福尼亚一小块像邮票一样的土地上，它有两面性——与其说是农场，不如说更像一个宠物动物园。整个项目都是随意的，至少可以说，在我短暂的任期内，我学会了比好习惯更多的坏习惯。然而，有机会接触这么多种类的畜禽，确实帮助我发展了一个重要的技能：在动物周围移动的能力。

　　在我的农业生涯中，控制畜禽是一种与生俱来的能力，以至于大多数时间我都忘记了这也是一种技能。看着一个不是农民的人或一个新的团队队员第一次试图抓鸡，我意识到这是一种有价值的和可传授的技术。他们会一直追着鸡转圈，而没有注意到鸡是如何移动的。别误会我的意思，我过去也经常到处追着鸡跑，甚至曾经害怕猪。我记得我一直挣扎着试图在猪圈外面将翻倒的喂料器调整到正面朝上，因为我害怕如果我进去猪会咬我（我以前误认为猪具有攻击性，我现在知道那只是其无拘束的喜悦和旺盛的好奇心）。今天我可以在几秒内抓到一只鸡，因为在它行动之前我就知道它要往哪里跑。

当需要控制肉兔时，花时间与它们在一起，你的本能自然会发展。你和它们接触越多，控制它们就越容易，不过，这要遵循一些基本的规则。

温和地接触肉兔

在自然界中，肉兔是被捕食者，所以它们很容易受惊。动物害怕时会产生应激反应，应激的动物很快就会生病。移动动物时不必太慢，但没有畜禽对不稳定或突然的移动能适应良好。保持动作流畅，行动要温柔但坚定。

要抓起一只肉兔，可以抓住它脖子后部（颈背处）的皮肤。可以用手提着一只成年肉兔的颈部皮肤几秒，但如果需要控制肉兔更长的时间，则需要用另一只手来支撑肉兔的重量。可以托住较小肉兔的屁股，但较大的肉兔需要更多的支撑。我通常把成年兔搁在我的前臂上，用手掌支撑它们的后躯。我把它们的头轻轻地放在我的肘部弯曲处。在大多数情况下，肉兔会一直安静地保持这个姿势，但偶尔也会有肉兔挣扎，在我的怀里抓挠。当这种情况发生时，我通常会抓住肉兔的颈背处，把它从我的怀里拿开一两秒。当它平静下来时，我再把它重新放回到我的前臂上。这通常会起作用。如果失去了对肉兔的控制，我发现最好先放手，让它四肢落地，然后再把它提起来。用力地抓住一只过分紧张的肉兔可能对你、肉兔或两者都造成伤害。用尽可能小的力量控制肉兔，虽然漫画中常提着耳朵把肉兔提起来，但千万不要这么做。对仔兔、较轻的肉兔可以抓住它们的臀部倒提起来，这不会有问题。

除了在养兔场、农场周围移动肉兔，还有一些其他的场合需要控制住你的肉兔，例如，对种兔进行定期健康检查时。定期检查的

抓起一只中等大小的肉兔

抓着臀部倒提起一只小肉兔。尼基·卡兰格洛（Nichki Carangelo）供图

长时间控制肉兔

健康检查

在我们的农场，通常在进行定期健康检查时检查 10 个方面。

① 警惕性。这是我每天检查所有动物时观察的第一个方面。健康的动物对周围的环境感兴趣，即使在它们平静和满足的时候。当肉兔看起来嗜睡时，注意它们是否对环境刺激过于无精打采或没有反应。缺乏警惕性是有问题的标志。

② 整体身体状况。健康的肉兔不太胖也不太瘦。要检查肉兔体况是否良好，首先用手抚摸肉兔的背部，感受髋骨、肋骨和脊柱的触感。就像狗和猫一样，这些部位应该很容易定位，感觉是圆润的，而不是瘦骨嶙峋的或尖锐的。如果很难或不能摸到肋骨，那么表明肉兔超重了。如果感觉肋骨锋利得像尺子，那么说明肉兔体重偏轻，或者是更极端的情况——瘦弱。

许多肉兔生产者，特别是那些生产用于展示的兔子的饲养者，使用一个特定的 1~5 分的评分系统，检查兔子的身体状况。在这个系统中，1 分的肉兔代表消瘦，3 分表示体况理想，5 分表示肥胖。如果你是肉兔饲养的新手，在锻炼自己的判断力时参考这些指南是有帮助的。从 4-H 俱乐部或肉兔展示俱乐部可以找到相关资源。

也可以通过一个"帐篷试验"来检测肉兔是否缺水。把肉兔脖子后面皮肤向上提起，直到绷紧，然后松开。皮肤应该立即恢复到原来的位置，如果皮肤恢复缓慢，肉兔可能饮水不足。

③ 眼睛。我可以在几秒内识别出一只不健康的动物，只需要看看它们的眼睛。健康的动物有清晰、明亮的眼睛，虽然不同的品种和物种的眼睛看起来是不同的，但是当你有了一些经验时就能够识别出来。同时，

应重点检查肉兔眼神是否呆滞、晦暗，眼睛是否泛红，有无分泌物。

④ 鼻子。观察肉兔的鼻子，确保它有规律地抽动，而不是流涕。它应该是干净和干燥的。肉兔不经常打喷嚏，所以应该格外注意打喷嚏的肉兔。

⑤ 爪子。检查脚垫是否疼痛或有裂缝、肿块。对足部有毛的肉兔，确保其足部是干净的，没有粘上垫料。肉兔的趾甲不应该太长或裂开。如果有类似情况，需要进行修剪。

⑥ 耳朵。检查你能看到的耳道里是否结痂或有蜡状堆积物。两者中任何一个存在都说明有耳螨。如果发现母兔的耳朵尖端已经被它的仔兔啃咬过，说明需要把仔兔移到另一个笼子里，或者搬到可移动的饲养单元去。

⑦ 牙齿。确保牙齿没有过度生长，上牙和下牙磨损均匀。上牙和下牙应该咬合，但不重叠。

⑧ 毛发和皮肤。肉兔的毛发应该是有亮泽和顺滑的。通过快速用手抚摸肉兔身体的每一个部分，检查光泽、斑块、擦伤、划痕或肿块。如果肉兔正在脱毛，或者只是有很多松散的毛发，这是一个进行快速刷毛的很好的机会。注意，过多的皮屑是有皮螨的标志。

⑨ 肛门和气味腺。确保肛门（包括性器官和肛门所在的区域）没有肿胀、发炎或结痂。肛门两侧各有 1 个气味腺。这 2 个腺体分泌一种蜡状物质，如果肉兔不能适当地自己做清洁，蜡状物质就会堆积并结块。如果发现有蜡状物质堆积，用蘸有凡士林的棉签把它擦掉。

⑩ 臀部。检查臀部周围是否有污垢或粪便。肉兔是挑剔的自我清洁者，所以污垢或粪便的存在可能是出现疾病或饮食问题的迹象。

如果按这份清单检查发现一切看起来都很好，那么说明你拥有一只健康的肉兔。

好处主要有 2 个：它让肉兔习惯于被接触，也使你能在问题变大之前解决所有的小问题。我们在畜舍里放了一张小餐桌，可以用来检查肉兔。确保桌子的表面是防滑的。肉兔，即使是在静止不动的时候，在光滑的表面上也会感到不安全。可以把肉兔放在毛巾或几片干草上面。在紧要关头，我用过我的运动衫，效果很好。你应该至少每季度彻底检查一次所有的肉兔。

趾甲修剪

肉兔需要修剪趾甲，可以使用特殊的狗用或小动物专用趾甲修剪器，也可以是普通的家庭指甲剪。小心不要剪到"血线"，这是趾甲中含有血液的部分。这可能在过度生长的趾甲里很难看到，但可以使用手电筒或手机手电筒照射趾甲看到——血线是看起来粉色或泛红的区域。用非惯用手的拇指和食指进行固定，用另一只手在血线之上修剪。如果不小心剪到血线会造成流血，但即使看起来流了很多血，也不要惊慌，只需用干净的毛巾按压，直到停止出血，也可以用止血药止血。但一位育犬员强调把爪子浸在杯子里洗净污垢会更好。我可以担保这个清洗污垢的方法有用！

性别鉴定

如果你知道方法，在肉兔 3 周龄时就可以鉴定它的性别。当然，在它们成年以后鉴定性别要容易得多。在这个阶段，肉兔开始表现出一些明显的性别特征，可以清晰地看见公兔和母兔不同的身体特征。公兔的头比母兔更大、更方（就像公牛与母牛的区别），并且公兔的身体往往更方。成年母兔较同期的公兔的体形更大，但对于

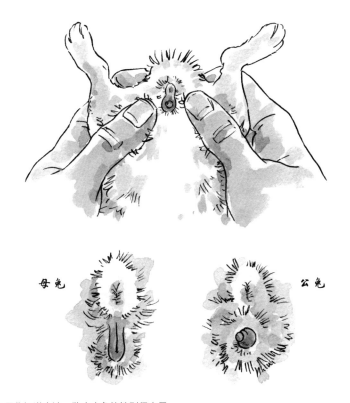

母兔　公兔

如果你知道方法，鉴定肉兔的性别很容易

成年母兔来说，真正的标志是其颈部的垂皮，也就是脖子下面垂下来的松软皮肤。

为了确定肉兔的性别，需要检查它的生殖器。要做到这一点，首先要让肉兔的背部朝下，要么把它抱在怀里，要么把它放在桌子上。在肉兔尾巴下方的区域，可以看到 2 个开口。靠近尾巴的是肛门，这是粪便排出的地方。另一个开口是生殖器所在的地方。用拇指和食指或食指和食指按住开口的两侧，生殖器会突出，露出一个粉红色的、潮湿的器官，这是阴茎或阴道。要确定具体是哪一个，

应仔细寻找一个狭缝或圆形的凸起。如果看到一个狭缝,则是母兔;如果看到一个圆形的凸起,则是公兔。

肉兔运输

不论什么时候、多远距离,我们都使用禽用运输箱运输肉兔。它们易于装载、超级安全、可堆叠放置并且耐用。它们有开放式的底部,可以漏过大便和小便,减少了对垫料的需要。通常一个标准的禽用运输箱一次可以容纳十几只 16 周龄的肉兔。如果不想花钱买这种类型的运输箱(质量好的每个大约 80 美元,包括运费),可以用狗笼和猫笼,内垫稻草、干草或刨花来运输肉兔。

肉兔捕捉

笼子里的肉兔很容易捕捉,但在基于放牧的系统中,捕捉肉兔更具挑战性。当需要抓肉兔时,我们首先把饲养单元移到牧草新鲜的草地上。这么做有 2 个原因。第一,当人进入饲养单元时,不会踩到自上一次移动以来积累的粪便。虽然我们没有在 Letterbox 农场实行最苛刻的生物安全措施,但我们的团队尽最大努力避免把粪便和可能寄居其中的寄生虫从一个地方携带到另一个地方。第二,如果先移动饲养单元,新鲜饲草至少可以让肉兔分心几分钟。

大多数时候,至少会有几只好奇的肉兔一打开门就聚集在门口,因此很容易抓住。为了抓住其他肉兔,你必须慢慢地进入饲养单元。一定要关上身后的门,除非你想花一下午的时间用一张网追着四散的肉兔跑。当进入饲养单元后,蹲下,避免突然的动作,一只接一

我们用禽用运输箱运输肉兔

只地快速抓住肉兔。只要行动迅速，有意识地避免不必要的挥舞或踩踏，无论需要抓住多少肉兔都没有问题。如果不小心惊吓到肉兔，它们开始绕圈或疯狂地爬金属网，你要冷静地退出饲养单元，等它们安静下来以后再进去。这应该只需要几分钟，相信我，等待是值得的。当肉兔兴奋时，抓住它们几乎是不可能的，并且疯狂的肉兔很容易伤到自己。

虽然承认这很尴尬，但偶尔我也会让一些家畜逃走。5% 的情况是因为倒下的树压坏了防止猪逃跑的电网，但 90% 的情况是因为我太大了，捉肉兔或鸡的时候没有关上门。另外 5% 的情况是因为我忘了在关上门后再检查一下门闩。如果肉兔从饲养单元逃走，我的建议是迅速行动。在它们逃脱最初的 10 分钟左右，肉兔对它们新获得的自由很警惕。起初，它们非常谨慎地探索周围的新奇世界，想确定在每一次缓慢的跳跃之前没有什么会伤害它们。这个肉兔感到不安全的短暂窗口期是抓住它们的最好机会——不要浪费。一旦肉兔找回了胆子，它们就会变得很难捕捉。如果可以的话，我建议用一个长柄网和几个朋友一起行动。在足够的努力后，你最终会抓到它们。如果仍然有机灵的肉兔没有被抓住，可以在饲养单元外面设置一个捕猎笼，在逃的肉兔很快就会被抓回来。

如果你像我们一样居住在一个有健壮的野生家兔群的地方，而你的肉兔已经跑了超过几小时，一旦抓住它们，在确定它们是健康的之前，我不会把它们中的任何一只放回有其他兔子的饲养单元。万一逃跑的肉兔和野生兔在野外相遇，它们可能会带回野生兔携带的疾病。安全起见，需要隔离所有逃跑了一段时间的肉兔，以确保它们仍然健康。

Chapter 6

第六章
繁　殖

　　就像我之前提到的那样，我们饲养的是一个组合，由纯种新西兰白兔、加利福尼亚兔 × 新西兰白兔的杂交兔和新西兰白兔 × 缎毛兔的杂交兔组成。后两种中的 × 代表"杂交"或"杂交品种"。杂交品种是指同一物种的 2 个不同品种交配而产生的子代。因此，将一只纯种新西兰白兔与一只纯种加利福尼亚兔交配，将产生新西兰白兔 × 加利福尼亚兔的后代。而混交品种，是指动物有未知的亲本或以其他杂交或混合动物为亲本。这 2 个术语都不应该与种间杂种相混淆，种间杂种是用来表示 2 个不同物种的后代，如骡子是驴和马交配的结果。

种兔选择

　　如果你计划饲养肉兔以供展示，或者正在努力保护一个稀有或濒危的品种，你可能会希望动物是纯种的。然而，当饲养肉兔作为肉用时，这并不那么重要。纯种育种和杂交或混交育种都有其优点和缺点。当正确繁殖时，纯种动物将可靠地一代又一代地表现出相同的理想特征。这就是为什么这么多人想要一只纯种狗，因为他们

知道会得到什么。我饲养的笨拙、忠诚、边界意识清楚的老英国牧羊犬正是我所期望的牧羊犬。但杂交品种可以产生杂种优势。杂种优势或混交优势，是杂交动物表现出的优于双亲品质的趋向。在肉兔身上，这些品质可能包括健康状况、生长速度和肉骨比等。

正如我在第四章中提到的，我们在农场里对肉兔进行杂交培养。这只是因为我觉得赌一下杂种优势的自然发生比相信我自己有能力挑选出最佳特征的肉兔更容易。不过，如果我在判断肉兔的好坏方面接受过正规的培训，我很可能会培养纯种的肉兔。

配种时间

肉兔什么时候配种取决于肉兔的品种。因为肉兔的繁殖能力取决于体重而不是年龄，所以每一只都是不同的。用专业术语来说，直到公兔日产精量停止增加时才被认为是性成熟的。对于我们饲养的大体形的肉兔品种，公兔大约在 32 周龄性成熟。然而，它们早在 8 周龄就开始出现交配行为。如果在这个阶段你看到一只年轻的公兔爬跨母兔，别担心，此时它仍然无法使母兔受精。在接近 20 周龄时，虽然离性成熟还有几个月，但公兔渐渐开始有了雄性生育能力。

另一方面，通常母兔在体重达到成年体重的 70%~75% 时，才会性成熟。对于我们饲养的大体形的肉兔品种，自由采食的母兔有时在 20~36 周龄达到 3.2~3.6 千克的必备条件。因为母兔过小时繁殖会阻碍它们的整体生长，许多生产者建议等到它们达到成年体重的 80% 或更多后再繁殖。虽然小于 20 周龄的母兔可能表现出愿意接受一只活泼的公兔，但是它们尚未排卵，不能受孕。一般来说，体形越小的肉兔品种，具有繁殖能力的时间越早；相反，体形越大具有繁殖能力的时间越晚。

配种过程

当肉兔足够大时，你需要再做一些准备。如果每只肉兔都很健康，非常配合，配种是非常容易的。这是因为肉兔是很独特的，它们没有发情期或发情周期。有发情周期的哺乳动物只有在排卵时才有性活动，而在 2 次排卵之间的一段时间内没有性活动。2 个发情期之间的时间长短取决于动物的种类。例如，绵羊的发情是季节性的，并且每 17 天发情 1 次，猪则是每 21 天发情 1 次。这意味着绵羊和猪的饲养者，除其他事项外，还需要注意和跟踪雌性动物的发情周期，并在特定的时间内将它们与雄性动物放在一起。幸运的是，对我们来说，饲养肉兔要简单得多。肉兔在交配开始时排卵，而不是与特定的激素周期同步。这意味着，理论上它们可以在任何时候配种。事实上，一只母兔被认为在任何时候都是可以发情的，它接受一只公兔，就被认为处于发情期，否则就是不发情。虽然某些环境因素可以在确定发情期和间情期中发挥作用，但据我所知，为什么或什么时候一只母兔会拒绝一只公兔是令人烦恼的、随机的。幸运的是，我们的母兔大多数时候是接受公兔的。

现在你知道可以在一年中的任何一天对肉兔进行配种，让我们来谈谈细节。要对肉兔进行配种，首先要把母兔带到公兔身边，这很重要。相反，如果把公兔放到母兔的笼子里，公兔可能会花很多的时间在这个新的环境中四处嗅闻，母兔则变得很有领地意识而不是如你所想的那样顺从。而把母兔带到公兔身边，如果母兔开始发情，它就会坐着不动，背向下拱，后躯抬起，准备接受公兔。这个姿势的科学名称是脊柱前凸，但我们通常称之为"抬尾"，因为进入这个阶段，母兔的尾巴会抬起。然后，公兔会爬跨母兔，做它该做的事情。交配的时间不到 30 秒，成功的交配通常会以公兔停止运动并从母兔身上滑落到母兔身边而结束。如果你从来没有看到过成功的交配是什么样子，那么可以在视频网站上看看。如果母兔不抬尾，而是蹲在角落里，或者四处跑，表示母兔不发情，这个时候它很难成功地受孕。

让公兔和母兔留在一起多长时间取决于你。一些农民在看见一次成功的交配后就把母兔从公兔的笼子里移走。也有人把它们留在一起待30分钟或更长时间。在Letterbox农场，我们更喜欢在一两分钟内看到2次成功的爬跨发生，因为额外的交配可以产生更多的窝产仔数。这与肉兔精子的产生方式有关。公兔第一次射精时，精液很多，但精子浓度不高。第二次射精量较少，但是精子浓度更高。越多精子竞争接近卵子，仔兔越多。然而，在公兔第二次射精后，精子数量减少，受精的可能性降低。这就是为什么如果可以，每只公兔每天最好只与1只母兔交配。

在2只肉兔成功交配后，就可以把公兔和母兔分开了。根据我的经验，它们在一起待太久会打架，而愤怒的母兔很快就会伤害到公兔。考虑到精液质量在每次交配后都会变差，我认为没有必要让它们在一起很长时间。此外，最好是全程监督配种，这样可以确保配种是成功的，并关注每只肉兔的行为。

公兔正在爬跨母兔

交配成功后公兔即滑落下来

如果公兔已经爬跨了母兔，有几次好的推入、停止的运动，然后滑落下来，母兔很有可能受孕。如果公兔爬跨母兔后跳下来，或母兔从公兔下面移动出去，母兔成功受孕的可能性不大（但并非不可能）。有时，母兔不是很配合，它们会在笼子里跑来跑去，而公兔在后面追随，或失去兴趣。这种令人沮丧的行为常发生在初次配种的母兔和年轻的公兔中，也会由季节触发。公兔经常会咬住母兔的脖子后面，要么是为了说服母兔抬起尾巴，要么是——如果公兔进展顺利——便于它在推入时保持平衡。不要被这种行为吓到，这很正常。

Letterbox 农场的配种困难

就像我说的，配种应该很容易，但事实是，有时真的很难。例如，有一年的 12 月，我们发现几乎所有肉兔都不能成功受孕。当时我们刚刚扩大了兔群，并有一群从没有配过种的青年母兔。我在畜舍里待了几小时，一遍又一遍地把母兔移动到公兔身边，结果看着它们绕着圈跑，直到 2 只肉兔都完全失去了兴趣。有时它们甚至不会跑来跑去，只是坐在那里。我甚至试过把 1 对肉兔放到一个高高的桌面上，以此保持母兔不动，让公兔爬跨。虽然一些交配似乎以这种方式取得了成功，但无法使母兔受孕。

在与其他一些肉兔生产者探讨后，我想出了一个三阶段的处理计划。我买了 1 只新的、年轻但有经验的公兔（意味着至少有过 1 次成功配种的经验），确保问题不是出在我们 4 岁的新西兰公兔弗兰克（Frank）身上。据说少量的酒精可以让母兔放松点，我把苹果醋加到水里，并在母兔的饲料中添加黑油葵花子。新的公兔很棒，它尽了最大的努力，但母兔仍然不抬尾。

虽然苹果醋是一种很好的补充剂，但没有明显的效果。黑油葵

花子脂肪含量很高，所以即使我不能肯定它可以提高兔群的性欲，但它确实很好地调理了母兔的身体状况，因此现在在大多数日子里我们会给每只种兔提供1小把黑油葵花子。

最终改善这个配种困难的标志是冬至的到来。从那年12月22日开始，我们配种的成功率开始上升，到第二年1月的第2周，所有的母兔都像往常一样受孕。从那时起，它们一直在按计划繁殖。如果在冬天日照最短的日子里遇到这个问题，我的建议是打开一些固定在顶部的灯，确保兔群每天得到14~16小时的光照。当然，不要中断供给黑油葵花子。

排除配种困难

在没有人工照明的情况下，生活在北方气候环境中的肉兔往往会在深秋进入自然休息期。如果在9~12月遇到配种困难，短日照可能是罪魁祸首。但正如前面我提到的，母兔可能因为未知的原因随机进入间情期。如果肉兔无法受孕，有几种方法可以试试。首先，移走母兔，换个时间再试一次。如果幸运的话，几小时后母兔的心情会变好。如果没有，4~5天后再试一次。

也可以尝试把母兔与另一只公兔配种。通常我们1次选择2只公兔，有时把母兔与公兔放在一起时，母兔可能只是不喜欢这只公兔，即使这只公兔很想爬跨。但当把母兔移到第2只公兔处时，母兔马上抬尾，就可以成功地配种。我不知道为什么母兔会在拒绝一只公兔几秒后接受另一只公兔，但这确实发生了。

如果你习惯在一天的晚些时候给肉兔配种，但事情突然变得不太顺利，那么早上第一件事先配种可能会提高配种成功的概率。在温暖的日子里尤其如此，因为此时肉兔会减少活动以防止过热。如果天气炎热，肉兔更倾向于伸展和放松，而不是忙碌。研究还表明，较高的气温降低了公兔的精子活力和效力。气温达到 35℃ 并持续 8 小时，或温度在一段时间（14 天）内保持在 29℃[1]，就会对精子活力和效力产生影响。在天气凉爽的清晨配种，有助于确保公兔活泼并得到健康有活力的精子。

你也需要观察肉兔的身体状况。如果肉兔看起来很瘦或是骨感的，可能是它们没有得到足够的营养，应给它们增加饲料，添加葵花子，并关注它们的体重。相反，肉兔也不能太胖。超重的公兔往往缺乏耐力，可能在尝试一两次爬跨但母兔仍不抬尾后失去兴趣。如果公兔看起来有点懒，并且很胖，应该控制其采食量。种兔应按照相关指南要求设立目标体重。

超重的母兔虽然抬尾不受影响，但过多的脂肪会阻碍原本可以成功的配种。如果母兔与公兔成功配种，但未能产仔或产下非常少的仔兔（2 只或 3 只），母兔超重可能是一个原因。

如果肉兔不太瘦也不太胖，而且没有其他影响因素，我还有最后一条建议：再看一眼，确保它们不是 2 只公兔。嘿，这事在我们身上发生过。

选择配种兔

现在你知道如何为肉兔配种了，是时候回答用哪只肉兔来配种的问题了。在养殖业中，有 2 种常见的方法：品系繁育和远交。品系繁育是用亲缘相近的动物进行交配，以选择出理想的遗传特性，例如，用一只母兔与它的父本进行交配。远交是用没有血缘关系的动物进行交配。

许多肉兔生产者坚信品系繁育的好处，这是可以理解的。受过相关培训并牢牢掌握自己畜群的遗传特性的农民，可以迅速地

选育并筛掉不想要的性状，并在几代里始终如一地获得理想的性状。事实上，每一只纯种肉兔与同一品种其他所有肉兔至少都是远亲。毕竟，品系繁育是培育新的肉兔品种的方法。

对于经验不足的农民来说，品系繁育最终会产生更多的危害而不是好处。同样是使用这种方法，专业饲养员能最大化优良性状，而新手可能会意外地将不良性状锁定在兔群中。一旦犯了这个错误，除了引进新的肉兔和重新开始之外，没有其他办法。

我们通常采用远交，让亲缘关系较远的肉兔交配。我们依靠精心选择和杂种优势来生产大而健康的肉兔。目前，我们正在使用2个不同品系的新西兰公兔和加利福尼亚母兔。为了保持品种的多样性，我们保留了一些由不再使用的缎毛兔公兔和新西兰兔母兔杂交生产的最好的缎毛兔×新西兰杂交母兔。

如果你发现做了错误的选择，要大胆地剔除种兔。正如本书开头所提到的，统一和可靠的产品对于经营一个成功的养兔场是必不可少的，没有什么比保持高质量的育种群更能影响这一点了。由于我们是为了商业生产而养殖，而不是为了在我们的农场中做展示，所以肉兔的性能基础是相当简单的。我们对种兔有以下3个标准：

① 种兔必须易于接近和配种。这意味着在它们相遇后30秒内持续抬尾或爬跨。

② 母兔必须拥有好的母性，每窝至少产6只仔兔，理想情况下产8只仔兔或更多。

③ 种兔必须来自健康的遗传品系，在牧场上表现良好，并在12~16周龄时胴体重达到1.3~1.6千克。

我们不在农场繁殖皮用兔，但如果你所在的地区有兔皮市场，你可能还需考虑种兔的颜色和毛皮质量。

妊娠检查

能准确地检测妊娠（或未妊娠）将节省你的时间，以便重新对没有妊娠的母兔进行复配，而不需要等待 30 天再确定。既然时间就是金钱，这里有几个快速检测建议。

首先，配种后立即翻转母兔，检查它的肛门或生殖器区域是否光滑。如果是的话，则可能配种成功。如果不是，在接下来的 24 小时内对它重新配种。

在母兔配种后 10~14 天，可以触诊母兔的腹部检查胚胎发育情况。要为母兔摸胎，用一只手握住肉兔的肩部，另一只手推向它的腹部，此时在骨盆前面可以摸到胚胎。这个阶段的胚胎应该像结实（但不是硬）的小葡萄。如果在这个过程中摸到一些很小很硬的东西，它可能只是粪便颗粒，而不是胚胎，但第一次摸到就能区分它们是很困难的。在 10~14 天的窗口期内触诊是很重要的，如果摸胎太早，因为胚胎太小，会无法感觉到任何东西；如果太晚，胚胎变得大而柔软，以至于很难与肉兔腹腔内脏器区分。

说实话，我感觉摸胎很难，我认识的大多数其他肉兔饲养者也是如此认为。然而，要确定母兔是否妊娠，掌握这项技能是唯一的方法，所以我建议你试试。但是，如果出于某种原因，你掌握不了摸胎的诀窍，配种试验是检测是否妊娠的第二好的方法。

配种试验是在母兔配完种的 2 周后把它放回到公兔旁。如果它愿意接受公兔的靠近，这是第一次配种不成功的一个迹象，应该调整配种记录，来记录这次新的配种。如果母兔拒绝这只公兔，那可能意味着它已妊娠，也可能意味着母兔并未发情。这就是为什么触诊比配种试验更有效的原因。然而，如果非常了解母兔的性格，配种试验实际上是相当准确的。对我来说，当母兔妊娠时，它们拒绝

公兔的表现与它们在间情期的表现大不相同。妊娠母兔通常对着公兔低声咆哮并且变得好斗，而间情期母兔通常只是忽视公兔或从公兔旁跑开。

一些报道说应该避免配种试验，因为母兔有所谓的双子宫。双子宫物种的雌性个体有 2 个子宫角和 2 个子宫颈。这一事实导致母兔可能在同一时间怀有处于不同发育阶段的 2 窝仔兔，这种现象称为异期复孕。然而，应该注意的是，这是雌性野兔的特征，而不是家兔的特征。虽然我读过一个案例，是发生在家兔身上的双胎妊娠，但这是非常罕见的，不应该被认为是兔群的严重风险。相反，在配种试验中的真正危险是：愤怒的母兔会伤害没有任何防备的公兔。所以要密切关注用来试验的种兔。

妊娠和产仔

肉兔的妊娠期一般为 31 天，但它们在配种后 28~35 天的任何时间都可能产仔。在 Letterbox 农场我们没有遇到过母兔提前产仔，但我们确实经历了偶尔超期产仔的肉兔。

为母兔产仔做的准备非常简单。在配种后 28 天，把妊娠母兔和其他母兔分离开，给它准备一个产仔箱，垫上干草、稻草或松木刨花的任意组合。过去我们使用干草，因为我们周围有很多干草。如果必须购买材料，那么我们通常使用稻草。稻草有更好的保温能力，因为它的茎是空心的。稻草比干草更干燥，适口性更差，所以在肉兔意识到这是用来产仔的之前，不会小心把它们吃掉——这种情况在我们使用干草时发生过。虽然不需要非得等到第 28 天，但是也不要太早把母兔放入产仔箱，否则在仔兔出生之前母兔可能把它们用作浴室并弄脏。

产仔箱

驯化的肉兔需要我们仿造一个它们野生祖先用来养育仔兔的地下浅穴。产仔箱就是这样的：一个可以让母兔在里面筑巢的小盒子。这个巢穴只比肉兔本身大一点点，只容其转身。野生的家兔用柔软的草、叶子和自己的毛来确保仔兔温暖舒适。肉兔饲养者则用内衬稻草的盒子来仿造这些条件。

在我们的农场，我们用木材制作产仔箱，以节省资金，但你可以从农场设备供应商那里购买现成的金属箱。金属产仔箱使用时间更长，更容易消毒，但木制产仔箱在冬天比较暖和。产仔箱要足够大，让母兔很容易就能进出，但也不能太大，以防止母兔住在里面。

我们使用未经处理的 1.6 厘米厚的胶合板作为制作产仔箱的材

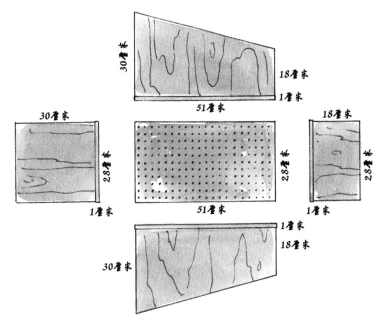

我们用胶合板制作产仔箱，你可以参考插图中显示的规格，也可以买现成的

79

料，并使用 3.2 厘米长的钉子将几块板子钉在一起。虽然未经处理的木材不如经压力处理后的持久耐用，但处理后的木材充满了化学物质，而肉兔喜欢啃咬箱子。五金件可以使用钉子或螺钉。如果使用螺钉，要预先钻孔以免木头裂开。一些产仔箱的设计要求底部是金属制的，而不是木质的。根据我们的经验，金属底板更容易清洗，但由于缺乏保温性，在寒冷的夜晚可能会导致仔兔受冻。除非你的兔舍温度是可以控制的，或者你住在四季都很温暖的地方，否则建议你选择实心底的产仔箱。每次使用后要清洗产仔箱，刮掉上面的一切东西，并将产仔箱浸入稀释的漂白剂溶液中（或直接喷洒漂白剂）。再次使用前，将产仔箱放在阳光下风干。

在产仔箱中产仔

从妊娠第 28 天到产仔期间，母兔会利用产仔箱里的东西来布置理想的巢窝，可能会把你放进盒子里的所有东西都拿出来，再按它想要的方式放回去。如果发生这种情况，不要惊慌，因为当涉及母兔和它的产仔箱时，古老的格言"知子莫若母"通常是正确的。

兔毛的保暖作用

肉兔毛发和干草的保暖性一直让我吃惊。我们的畜棚是没有暖气的，虽然白天内部是温暖的，但是晚上可能会变得非常非常冷。今年，我们的母兔中有 6 只在晚上外部气温为 −14℃ 时产仔，并且每只仔兔都活下来了。

一个有新生仔兔的
产仔箱

要么在产仔之前，要么在产仔之后不久，母兔会从它的颈下垂皮上
拉下兔毛，用来垫在产仔箱内，给仔兔保暖。有经验的母兔通常会
在产仔之前就准备好产仔箱，但第 1 次产仔的母兔可能会对它们的
第 1 胎猝不及防。这在母兔产仔后很常见，所以如果任何一只母兔
落后于这个规律，不要担心。

在把母兔分离出来，并给它准备好产仔箱之后，让一切顺其自
然。毕竟，真的没有什么别的可做了。肉兔往往在太阳下山后才产
仔，整个分娩过程只需 15 分钟左右。我们很少能看到这个过程，
所以我们通常在配种后第 32 天早晨的常规检查时对预期产仔的母
兔进行简单的检查。如果一切都按计划进行，我们会看到一只普通
的母兔，看起来没什么变化，但常去铺满兔毛的产仔箱附近。

除了布置一个产仔箱外，1 只母兔不会做太多其他的事情来照
顾仔兔。母兔每天哺乳 2 次，偶尔进入产仔箱是为了保卫地盘，但
除了这 3 件事，母兔就不会做其他事情了。与其他新生畜禽如羔羊、
犊牛或雏鸡不同，新生仔兔在出生后的第 1 周基本上仍处于胎儿阶
段。它们没有被毛并且看不见，再加上母兔放任自由的养育方式，
使我们有责任保证仔兔活着。幸运的是，仔兔存活的关键只有 2 个

方面：确保正确的产仔箱设计和良好的卫生。

一旦母兔已经产仔，你可以往产仔箱里看一看，看看它是怎么做的。请不要相信如果仔兔被人触摸过就会被母兔抛弃的传言——这是不正确的。幸运的话，你能找到 8 只或更多温暖的、蠕动的、赤裸的仔兔。在母兔产仔后的第 1 天，我通常只用手围着盒子数仔兔，并拿走弄脏的垫料或死胎，然后在记录下产仔数后离开。

如果你发现了一两只死亡的仔兔，不要惊慌，这是正常的。联合国对堪称楷模的法国养兔业进行了一项研究，研究发现平均死胎率为 5%~7%，仔兔在断奶前的死亡率为 16%~20%[2]。因此只要仔兔平均死亡率保持在 20% 以下，就不需要惊慌。

在我们的农场，预计在出生后的前 2 周内会有 15% 的仔兔损失，除非超过这个阈值或有其他似乎不寻常的征兆，否则不需要担心。

好的产仔箱的重要性

如果产仔箱开口位置太低，仔兔就会在还未准备离巢之前便从温暖的产仔箱里跳出来。如果这种情况发生，即使是最好的母兔也不会把它们捡起来放回产仔箱里，这些仔兔很快就会因为暴露于外界而死亡。此外，一定要记住，在给母兔安装产仔箱之前，确保用干净的基板垫在产仔箱里。

如果产仔箱里或更大的环境发霉、潮湿或肮脏，仔兔的鼻腔里会发生炎症，损害它们的嗅觉。年幼的仔兔在睁开眼睛之前依靠嗅觉找到母亲的乳头，所以嗅觉受损也意味着营养受损。简而言之，一定要保持产仔箱干净和干燥。

初生仔兔是看不见的，
并且没有被毛

然而，如果仔兔在 2 周龄后继续死亡，可能是疾病或不良卫生状况的一个指示标志，应该采取行动处理这个问题（表 6-1）。

表 6-1 产仔小提示

我们需要观察什么	潜在问题	解决办法
产仔箱里是否有一层兔毛	垫料不足的产仔箱，会导致仔兔暴露在外界环境中	从不再使用的产仔箱内找出 1 袋干净的兔毛，在必要的时候添加到垫料不足的产仔箱里
仔兔在毛发和垫料下面活动	没有明显的活动可能是死胎、冻死的仔兔，或仔兔非常冷	移开毛发和垫料，看看仔兔是否活着。如果活着，但看起来迟钝且摸起来是凉的，立即给它们保暖，如用设置为低档的吹风机或你身体的热量。如果仔兔冻死了或是死胎，把它们从产仔箱里拿出来
产仔箱外面的仔兔	仔兔在产仔箱外面会被冻死、踩踏，或者饿死	在确保它们足够温暖后把它们放回产仔箱里。如果母兔表现出拒绝它们的行为，把它们寄养到其他带着新生仔兔的母兔处

这些仔兔差不多准备
好离开产仔箱了

　　在母兔产仔后，让母兔和仔兔自由采食，直到仔兔断奶。仔兔断奶的时间取决于你，但在仔兔4周龄后断奶通常是安全的。我们通常在6周龄后断奶，因为我们想让肉兔在进入牧场移动围栏之前长得更大一点。当仔兔足够大、可以自己跳进和跳出产仔箱时，就可以把产仔箱从笼子里移出来。

哺乳

　　兔奶的脂肪含量高达12%（这比通常见到的牛奶或山羊奶高出3倍以上），因此，每天只需给仔兔哺乳1~2次，就可保持仔兔健康生长[3]。所以，如果发现母兔似乎从来没有在她的产仔箱里，不要惊慌。实际上很少能看见刚产仔的母兔给仔兔哺乳。

嗜食仔兔

　　偶尔，你接近兔群时会发现母兔似乎吃了自己的仔兔。虽然这种情况很罕见，但母兔确实会吃掉已经死了但仍然温暖的仔兔。因为肉兔是被捕食的动物，为了避免被发现而吃掉它们的死胎，只是为了处理掉吸引捕食者的东西。饥饿或营养不良的肉兔更有可能吃死胎。我们偶尔会在兔群里发现肚子上被咬过（或者缺少四肢，如耳朵、尾巴或脚）的仔兔。这很可能是一只缺乏经验的母兔在试图清理刚出生的仔兔时做得有点过头的结果。虽然我们已经成功地养活了没有耳朵的肉兔，但那些缺失四肢和其他重要身体部件的肉兔应该被立即淘汰，以避免其痛苦。反复咬伤自己后代的母兔也应该被淘汰。

假妊娠

如果母兔有拉毛筑窝的行为，但不产仔，它很可能是假妊娠。即使母兔没有成功地配种，也可能发生排卵和激素水平改变，导致出现为一窝并不存在的仔兔做准备的行为。不管出于什么原因，假妊娠在兔群中是一种比较常见的现象。如果发现母兔中有假妊娠的，只需移走产仔箱并再次给它配种即可。

寄养

虽然母兔通常不会"遗弃"自己的仔兔，但有时条件不适合一个新妈妈照顾它的仔兔。例如，它可能没有足够的母乳来喂养仔兔。或者如果它是一个新妈妈，它可能只是缺乏母性本能。在任何情况下，安排多只母兔在同一时间产仔都是一个好主意，这样就有养母可以用来照顾没有得到充分哺乳的仔兔。只要2窝仔兔之间的日龄差距不超过2天，被遗弃的仔兔就可以安全地寄养在另一窝仔兔中。

繁殖程序

从技术上讲，母兔似乎可以在产仔后马上配种。这意味着肉兔有潜力在 1 年内繁殖近 100 只仔兔[4]。然而，这仅仅是一种可能，并不意味着这是一个好主意。过度繁殖肯定会损耗母兔，损害它们的健康。当然，过于保守的配种也会对经济效益产生严重影响。表 6-2 列出了在产仔后不同时间配种的相关收益，假设每只母兔每窝产 6 只仔兔，每只都以 25 美元的平均价格出售。

表 6-2　理论繁殖率和相关收益

产仔后天数 / 天	每年产窝数 / 窝	每年产仔数 / 只	每年每只母兔总收入 / 美元
42	5	30	750
35	5.5	33	825
28	6	36	900
21	7	42	1050
14	8	48	1200

在我们的农场，我们在母兔产仔后 28 天配种。这个时间表使母兔在生产每窝仔兔之后有足够的休息时间，并给仔兔足够的时间来自然断奶。如果母兔窝产仔数特别少（4 只或更少），我们下次给它配种可能会比平时早几天到 1 周，以弥补一些损失的时间。由于它哺乳的仔兔较少，所以早一点配种应该不成问题。

虽然肉兔有可能在若干年内具有生产力，但繁殖活力会在 3 岁左右开始下降。当它们达到这个年龄或者更早时，如果公兔或母兔的繁殖活力停止，我们就替换它们。

第七章

记录保存

　　我其实不是一个特别有条理的人。对其他人来说我似乎很有条理，因为我喜欢准时赴约，及时回复电子邮件，保持我的空间整洁，但我也像男孩一样会丢失记录和收据。在经营农场的最初几年，我几乎没有保存生产记录，只有最基本的收入和费用报告。我们虽然卖掉了生产出的全部产品，但却没有赚到钱。

　　因为我没有保存任何的记录数据，所以无法弄清楚问题出在哪里。产量太低了？太高了？定价策略错了？失去了太多的仔兔？产仔数太少了？要想盈利我们必须饲养和出售多少动物？有这么多问题，我根本没有办法回答。尽管拉斯洛有能力修复任何损坏的设备，用20美元和一块口香糖建造一些奇观，或在任何时候都能让一辆车从泥浆中解脱出来，但他在记录保存方面并不比我强。幸运的是，没用多久，我们就与费丝，一个菜农，我童年最好的朋友，同时也是一个真正的电子表格狂开始合作。

　　通过共享网络硬盘，我开始关注到费丝，并一直跟踪她的业务，然后从中收集到所有令我兴奋的信息。我学会了做许多事情，如分类费用和确定利润率。我终于知道了我为每个项目投入了多少时间和金钱，每种家畜的饲料转化率是多少，在冰上花了多少钱。所有

这些都让我做了更好的决定，现在，不仅我们的利润每年都在提高，我们的生活质量也在提高。良好的记录保存帮助我们减少了工作量，却得到了更多。

生产记录

根据规模，生产记录可以从非常简单到相当复杂。你至少需要知道：

① 每一只种兔的名字。

② 配种日期和配种的公兔。

③ 产仔日期。

④ 产仔数，特别是活仔数和死胎数、死亡数。

⑤ 再次配种的时间。

关注这 5 件事就能使一个小型养兔场运行得相当有效率。有了这些信息，你能够保持兔群的生产力，坚持规律的配种程序。你也会知道什么时候给母兔准备产仔箱，并通过每只种兔每年产下的活仔数，跟踪繁殖种群的质量。

在金属笼 - 放牧混合饲养系统中保存这些基本信息是简单的。每只繁殖兔都有名字，每个笼子都有一个带有名字的标签。当母兔配种时，配种日期和父本（用于为母兔配种的公兔）名称被记录下来。31 天后，记录仔兔情况。注意记录所有损失，并更新记录以反映这些损失。

我们目前在畜棚中也有记录，以便我们团队的所有成员哪怕没有手机或计算机也可以随时照料肉兔。我们的这个记录非常简单，见表 7-1。

表 7-1 配种记录模板

母兔	服务日期	予配公兔	产仔箱放置日期	是否处理过	产仔数量和备注
杰泽贝尔 （Jezabel）	12 月 1 日	梅尔 （Mel）	12 月 29 日	×	1 月 1 日：9 只活仔，2 只死胎 1 月 3 日：7 只活仔，2 只死亡
唐娜 （Donna）	12 月 3 日	布伦斯 （Bruns）	12 月 31 日	×	1 月 3 日：母兔拉毛做窝，但没有产仔 1 月 4 日：没有仔兔，假妊娠，添加到配种程序中
卡拉 （Carla）	12 月 9 日	布伦斯 （Bruns）	1 月 5 日		

　　无论早上谁做日常管理，都会看一看记录，看看哪只需要配种，哪只需要产仔箱。如果他们给了母兔 1 个产仔箱，那么他们就会在"是否处理过"这一栏打上记号，这样下一个人就知道它被照顾过了。然后，他们检查所有的仔兔，并对备注部分的变化进行更新。一个完美的保存记录的小提示：把笔绑在记录本上，当你或其他人需要它时，它总在那里。农场是一个复杂而繁忙的地方，当你的大脑在阳光下烘烤了一整天之后，很容易忘记做这些小事情。

　　然后，可以将此数据添加到电子表格或育种软件程序中。我们目前使用的是 Hutch，由 BarnTrax 公司制作。它很好用，因为可以在移动设备上使用，所以可以在田地里直接更新记录。Hutch 会自动更新一个在线日历，告诉用户什么时候应该放置产仔箱，什么时候产下仔兔，什么时候再次配种。它生成带有 QR 扫描代码的笼卡，以便于日期输入，并提供跟踪仔兔重量的提醒，以及建议什么时候屠宰肉兔。最重要的是，Hutch 可以组织你所有的数据，这样就可以很容易地看到每只母兔或公兔的表现。Hutch 不是免费的，但高级会员每年只需 40 美元就可以使用。如果觉得太贵了，我建议使

用 KinTraks，这是一个类似于 Hutch 的免费程序，但附加功能较少。

在我们的农场，目前没有通过准确的标记跟踪断奶后的生长兔。然而，标记对于跟踪生长性能是有用的。如果你想监测生长兔，可以用不褪色记号笔做一个标记（需要定期更新），更好的方法是为它们打耳标。给肉兔一个永久的耳标是很容易的，只需要一把耳标钳，成本在 50~75 美元。俄亥俄州立大学推广办公室有很多关于如何使用它们的资源，你可以在线免费阅读[1]。

屠宰记录

由于我们营销计划的性质，我们在农忙季的每个周三屠宰肉禽和肉兔。为了跟踪订单，并记录我们带到屠宰场的每一只动物，我在仓库里保存了一个笔记本。我在周二按顺序写好订单，这样在周三早晨处理它们的团队成员就知道该做什么，但这些笔记也是我们生产记录的一个组成部分。由于我们通常屠宰胴体重 1.4~1.8 千克的肉兔，所以会有一个显眼的备注提醒我们正确的肉兔活体重，以确保达到目标胴体重。

虽然我们应该在屠宰日记录每只肉兔的确切重量，但如果我说我们在农场上这样做了，那就是撒谎。鉴于现状，我们在早上没有时间这么做。然而如果我们在其他地方提高了效率，我们肯定会分配时间用来更好地保存记录。

销售记录

我们的生产和屠宰记录让我们知道为市场提供了多少只肉兔，所以下一步是跟踪被售出的是什么样的肉兔。为了做到这一点，我们使用了网络电子表格和 Quickbook 软件的组合（表 7-2）。如果你不喜欢用这些，也有其他程序可以选择。

表 7-2　屠宰记录模板

日期	零售鸡的数量（活重 >2.72 千克）/ 只	批发鸡的数量（活重 2.04~2.17 千克）/ 只	肉兔的数量（活重 >2.49 千克）/ 只	其他	订单派送	备注
5 月 11 日	45	25	12		否	只有 10 只肉兔足够大
5 月 18 日	60	15	10	5 只鸡 >3.63 千克 标签 GFFN[①]	是	

① 此处的意思是"装入 5 只活重不低于 3.63 千克的鸡，并在运输箱上贴上它的账单（在此例中，GFFN 代表好粮农网络）"。

由于我们按重量出售肉兔而不是按只出售，所以我们的销售记录收集的是肉兔精加工后的平均重量信息。我们对市场、批发商和 CSA 销售时记录了每个肉兔订单的重量，所以只需将所有的重量加在一起，就可以得到这个季节的总数。当我们有了最后的总重量时，就可以用我们的屠宰记录或屠宰场的收据来确定总共屠宰了多少只肉兔。总重量除以屠宰的数量，我们就可以知道肉兔的平均体重。

支出记录

当你知道生产了什么，卖出了什么，最后一部分就是要知道花了多少钱。Hutch 有一个完美的费用跟踪功能，但在这里，我们再次使用了 QuickBooks 软件。我们将养兔场的运营费用或正常运营期间日常发生的费用，归纳为五类：畜禽、饲料、加工、劳动力和健康 / 附加费用（表 7-3）。

我们的主要支出或长期投资，有不同的分类方法，但如果你想以另一种方式组织信息，可以在运营费用里增加折旧项目。

表7-3　支出记录模板

项目	支出
畜禽	0 美元
饲料	1825.00 美元
加工	918.00 美元
劳动力	1725.25 美元
健康 / 附加费用	250.00 美元
费用合计	4718.25 美元

记录汇总

通过生产、屠宰、销售和支出记录，就可以知道养兔业的很多关键信息。例如，你现在拥有了确定每只肉兔生产成本所需的全部信息。要确定这一点，只需将总支出除以肉兔的数量。在我们农场，目前每只肉兔的成本是 14.2 美元。知道生产的东西的成本是多少，可以帮助你设定适当的产品价格。对于更详细的赢利能力分析，我们将在第十二章列出一些计算方法。

第八章
肉兔的饲养

　　肉兔与家禽相比，好处之一是肉兔每天只需要饲喂 1 次。我们在早上饲喂肉兔，但兔群倾向于在太阳升起时只吃一点，然后在晚上吃完剩下的食物。如果饲养单元或笼子里面有很多大块头仔兔，它们会很早把食物吃完，这可能需要我们在下午再次填满它们的喂食器，但这通常发生在格外寒冷的时候，此时肉兔需要更多的能量来保暖。和所有畜禽一样，饲养肉兔有多种方法。在本章中，我将提供关于我们所使用的饲养方法的信息，以及关于肉兔饲料的基础知识。

　　饲料费用是我们养兔场最大的开支。今年，肉兔颗粒饲料（由草、谷物、豆类和矿物质混合制成的颗粒饲料）的费用占了我们该项目总支出的 1/3 多一点。我们所有项目的累积年饲料账单占总畜禽支出的 40%，所以密切关注饲料方面的支出是重要的。要记住，养兔的利润很低。

　　我们在农场使用的是含 16%~18% 蛋白质的颗粒饲料。我们团队中没有受过相关培训的动物营养学家，所以我们小心地与我们信任的工厂合作，仔细照顾我们和我们的畜禽。有很多不同的方法来饲喂肉兔，不同的工厂也有不同的配方。不要害怕货比三家，可以和其他生产者谈谈，或者咨询一下专家。

考虑饲料

在 Letterbox 农场，我们尽可能使用有机和非转基因饲料。我们非常幸运有 Stone House Grain，一个关注可再生力、低碳，并且价格实惠的饲料厂。它距离我们只有 8 千米的路程。这也是我们给肉禽、蛋鸡和猪购买生产于哈德逊山谷的、有非转基因认证的饲料的地方。然而，当地根本没有足够多的养兔场来购买这个工厂生产的有机肉兔颗粒饲料，从而使得价格降低到符合我们的利润率，并且我们也不愿意以更高的兔肉价格来弥补差价。我们希望，随着当地饲养肉兔数量的增加，有机和非转基因肉兔饲料的价格也和其他畜禽饲料一样，变得实惠。

如果必须使用有机饲料，一定要找到一个工厂，这样就可以制定一个饲料配方，并在开始运作之前谈好价格。在我们当地，有机肉兔颗粒饲料的价格接近每吨 800 美元，这是我们支付给传统饲料工厂价格的 2 倍。由于本书中的数据计算基于普通饲料，即每吨 400 美元，因此如果你使用有机饲料还需要调整相应的数字。由此你需要考虑以下几点：一是提高产品的价格，二是以较低的利润率运营，三是削减其他方面的成本。

肉兔的食粪习性

肉兔是草食动物，它吃的植物饲料中含有大量的纤维素。这种不溶性物质对所有动物来说都很难消化，但草食动物有特殊的方法来应对这一挑战。反刍动物，如牛、绵羊和山羊，有特殊的 4 个胃室来完成这项工作。第一个胃室是瘤胃，这是反刍动物的特征器官，它含有充满特定微生物的盐溶液。这些微生物通过发酵来分解植物纤维，但动物仍然不得不将部分破碎的植物纤维回流到口腔咀嚼，称为反刍，并反复咀嚼更多次，以进一步分解纤维素。这个循环重复进行，直到纤维素最终被充分分解到足以通过消化道的其他部位。反刍动物被称为前肠发酵动物，因为整个发酵过程发生在所有饲料进入小肠之前。

相反，肉兔是单胃后肠发酵动物。它们只有 1 个胃室，没有瘤胃，所以对肉兔来说，消化纤维素所必需的微生物发酵发生在小肠之后，在结肠和盲肠。饲料被肉兔摄入和咀嚼后，就会移动到胃里并停留几小时，被胃酸部分分解后进入小肠，在那里被进一步分解。在小肠，大多数可消化的成分被吸收，而不可消化的纤维继续移动到结肠中。这就是那些又硬又圆的小粪球形成的时间和地点。剩余的可消化物质则进入盲肠，盲肠是肉兔消化系统中最大的器官。就像瘤胃一样，盲肠里充满了共生微生物，可以发酵剩下的可消化物质，然后一些内容物就可以被吸收了。所有尚未分解到足以被吸收的物质，都会被排到结肠中，并形成软颗粒。这些软颗粒被称为盲肠排泄物，最后通过肉兔的肛门排出。然而，与硬粪球不同的是，肉兔会重新采食糊状的软颗粒，让它们再次通过整个消化系统，以吸收更多的营养物质。肉兔吃入饲料的一部分将经历这一过程多达 4 次 [1]。

盲肠排泄物被肉兔直接从肛门处吃掉，驯养的家兔通常在夜间完成这一过程。据一家大型饲料供应公司的单胃动物营养学家艾米·E.霍尔（Amy E.Halls）说，健康的肉兔会吸收大部分或全部的盲肠排泄物的营养，而生病的肉兔可能会留下大量的粪便。盲肠排泄物颗粒比普通的粪球要小得多，也要柔软得多，它们非常闪亮，会形成团簇；而普通的粪球颜色发暗，并且是不成团的，这一点可以用来区分盲肠排泄物和普通的粪球 [2]。

盲肠排泄物的神奇之处是让肉兔通过采食劣质、高纤维的饲料，来获得必需的营养。这是一个完美的小功能，只有肉兔和它们可爱的小表兄弟——鼠兔才有。

"青草饲养"的意义

肉兔是草食动物，就像牛、绵羊和山羊一样，它们可以百分之百地靠吃草生活。虽然曾经以青草饲养的肉兔在整个欧洲无处不在，但今天这种生产方式已经很少见了，即使采用这一传统方式饲养肉兔仍然有一些令人信服的理由。首先，这是很自然的方式。肉兔已经在利用饲草上进化了 4000 多万年。这意味着肉兔完全知道怎么处理外面的植物。只要有机会，即使是家兔也会本能地为自己创造一个完美均衡的菜单——从周围的环境中准确地挑选出它们需要的东西。

其次，青草饲养是免费的，当然，这取决于农场的大小和性质。研究表明，一个健康的牧场，每年可以用 1 公顷的青草喂养并出栏高达 150 只肉兔 [3]。这意味着，如果有 8 公顷的地，理论上可以每年饲养 1200 只肉兔，而不用花一分钱买饲料。当出售肉兔产品时，青草喂养的肉兔可以使你比其他肉兔饲养者更占优势。在可以选择时，越来越多的美国人会选择带有青草饲养标签的肉类 [4]。虽然目前牧场饲养的肉兔的价格不会比传统方法饲养的肉兔的价格高出多少，但在未来价格肯定会更高。

尽管如此，我们还是选择了颗粒饲料。如果你想知道为什么，请记住这一点：仅仅因为某件事是可能的，并不意味着它就能实现，至少对商业农场来说还不够可靠。在所有关于青草饲养至出栏肉兔的报告中，我们遇到的一个共同问题是肉兔生长缓慢，而且是非常慢。在这方面表现最好的是笼养，传统笼养的肉兔在 8 周内可以达到 1.4 千克的胴体重。在我们农场的金属笼 – 放牧混合饲养系统中饲养的肉兔在 12~16 周达到了同样的胴体重，时间相对长一些。而 100% 吃草的肉兔需要大约 6 个月的时间才能达到同样的胴体重。这个时间是我们农场一只表现良好的肉兔的 2 倍，也是传统笼养肉兔的 3 倍多。

也许你会想：如果饲料是免费的，时间长一点儿又有什么关系呢？诚然，如果每周的成本是 0 元，无论是 8 周、12 周，还是 25 周，总成本仍然是 0 元。但是劳动力不是免费的，而且 1 只肉兔达到上市重量所需的时间越长，劳动力成本就越高。并且更重要的是，一只肉兔达到上市重量的时间越长，出问题的机会就越多。

为获得适当的营养，牧场上青草饲养的肉兔需要大型的开放式移动围栏，就像本书前面讨论的肉兔草地系统中使用的移动围栏。这增加了肉兔被捕食、逃跑、受伤害和接触野生生物的机会，这些生物可以传播疾病并导致疾病。升高的风险加上大大延长的生长时间，对商业生产者来说，已被证明是一个困难的组合。记住，发展现代肉兔草地系统的农民报告了 70% 的损失率。那么高的损失在商业生产中是不可承受的。

然而，你可以把种兔，甚至整个兔群养在室内，给它们饲喂干草，即在一个风险较小的环境中饲养肉兔。这一调整可以大大降低损失率，但它无法大大加快生产速度。这个问题的重要性甚至超过劳动力增加的问题，特别是在美国。美国的肉兔市场上绝大多数是青年兔，像肉鸡生产中的童子鸡。为了保持幼嫩的肉质，肉兔必须很小（胴体重低于 1.6 千克），而且是年轻的。当肉兔 6 个月大的时候，就会形成另一种不同的风味和质地，便从"童子鸡"的范围到了公兔或成年兔的范畴。虽然这种肉兔在国外的许多地方很受欢迎，甚至更受欢迎，特别是在欧洲，但目前在美国还不太流行。虽然大众的口

味总在改变，但现在我们绝大多数人都喜欢幼嫩、清淡的肉兔。

我们在牧场上饲养生长兔主要是为了提高兔群福利。我们这样做是因为放牧使肉兔活跃、积极和健康，而不会让它们面临太大的风险。我们这样做也是因为它能改善土壤，增加田地的肥力，减轻我们有限的谷仓空间的压力，并让兔肉味道更好。

也许总有一天公兔会在美国餐饮界迎来它们的突破时刻（上周刚刚有人告诉我，在高级菜肴中老牛肉越来越受欢迎，所以你永远想不到人们口味的变化）。也许之后我们会重新深入研究和实施100%青草饲养的肉兔生产方式。在此期间，我们非常乐意支持当地的饲料厂，幸好他们提供了一种营养均衡且非常实惠的饲料，我们的肉兔认为这种饲料与它们在饲养单元里找到的饲草非常匹配。

饲喂量

如何饲喂肉兔取决于它们有多大，处于生命的哪个阶段。在养兔专家卡伦·帕特里（Karen Patry）的书《解决肉兔饲养问题》中，将肉兔饲养方案分为4个阶段：成年公兔和成年非哺乳期母兔、青年兔（从断奶到成年时期）、妊娠母兔、哺乳母兔[5]。

对于成年公兔和成年非哺乳期母兔，我们按每千克体重提供42.6克基础颗粒饲料计算，所以在正常情况下每天给1只重4.5千克的肉兔200克饲料。青年兔或生长兔，也就是断奶和育肥的肉兔，自由采食直到被屠宰为止；如果我们把它们用作种兔，则自由采食直到达到成年体重。对于后备种兔，我们会用几周的时间逐渐减少饲喂量，从而让它们适应新口粮。

妊娠母兔非常挑剔。在妊娠中期，母兔往往会变得比平时更饥饿一些。在这段时间里，我们给它们每天额外提供28.4~56.7克的

我们会为生长兔填满喂料器

颗粒饲料，也许还有一些额外的干草或新鲜的青草。尽管如此，我们经常发现它们在产仔前几天食欲急剧下降，所以我们会相应地调整饲喂量，以防止颗粒饲料在喂料器中堆积。对哺乳母兔和它们的仔兔也采用自由采食的方式。帕特里建议添加几勺黑油葵花子来帮助产奶，我们也确实是这样做的。

这些准则在我们的养兔生产中并不是硬性规定。肉兔可以很好地对所需营养进行自我调节，所以只需确保它们发出信号后我们能收到就可以。例如，如果我们的动物在一天的时间里没有吃完供给

它们的食物，我们就知道喂多了（或是它们生病了，这将在另一章中介绍）。如果喂料器是空的，并且肉兔看到我们似乎很兴奋，它们可能需要更多的饲料。除非养兔场的环境可控，否则你应该预测到随着天气的变化日粮需要量也会高低起伏。

补充料

我们为肉兔提供了营养全面的商业饲料，所以不需要用太多其他东西来补充饲喂。我们添加补充料，主要是为了迎合肉兔的喜好，也是因为多样化的营养对健康总是有好处的，而且可以使兔肉的风味更好。

当生长兔在外面放牧时，我们饲喂合适的颗粒饲料，并让肉兔从周围的环境中选择和挑拣自己喜欢的食物。我有时会把一些果树的嫩枝扔进肉兔饲养单元，因为它们富含单宁，有助于控制寄生虫，并且嫩枝的存在避免了肉兔对建造饲养单元的木材的啃咬。肉兔能用它们的小牙齿造成让人吃惊的破坏。由于种兔被饲养在金属笼中，我们给它们提供全部的饲料，我们最喜欢提供给它们的饲料包括干草、聚合草、葵花子和嫩枝。

干草

低档的猫尾草或草地干草都可以很好地为肉兔补充纤维。也可以给肉兔少量的苜蓿干草，但出于几个原因我并不推荐它。首先，至少在哈德逊山谷，它比常规的老草地干草贵得多，也更难在市场上找到。其次，紫花苜蓿也是肉兔颗粒饲料的主要成分之一，所以作为补充料它无法增加肉兔饮食的多样性。最后，当干燥成干草后，苜蓿变得富含脂肪，并且热量太高。这对于青年兔和生长兔来说是

聚合草很容易种植，对肉兔来说是一种很好的补充料。照片来自 *Grahamphoto23*

很好的，但对大部分需要保持目标体重才能保持健康的成年兔并不是很好。

在我们的农场几乎只使用草地干草，它包括各种草，以及其他植物的碎片和几根枯枝。它不贵，随季节不同每捆只要 3.5~5.0 美元，而且很容易在市场上找到。我们让种兔自由采食这些干草，但要确保放在笼子里的量不超过它们一天的采食量。否则，肉兔可能会在上面排便，破坏干草并且弄脏笼子。

聚合草

聚合草是紫草科中一种多年生绿叶植物。它非常容易种植，并以作为对人类、宠物和畜禽有用的药用草本植物而闻名。我们喜欢给肉兔饲喂这种青草，因为它是维生素 A 的良好来源，一种能很好地帮助消化的青草，并且是一种全面的健康提升剂。聚合草的叶子

可以长得很大，所以给每只肉兔 1 片中等大小的叶子就足够了——太多可能会引起腹泻。如果聚合草摄入太多，会导致肉兔肝脏损伤。

葵花子

我已经提过几次了，但还要重申：葵花子对身体调理是很好的，特别是在冬天。它还有利于哺乳母兔泌乳。饲喂时，在每只肉兔的喂食器里放一小把即可。

嫩枝

咀嚼嫩枝和细枝对肉兔的牙齿有好处。虽然肉兔日常采食的颗粒饲料足以保持其不断生长的牙齿处于良好状态，但偶尔给肉兔一些新鲜的木头，可以使它们的牙齿适当地磨损。建议选择单宁含量高的品种，如柳树、榛树、橡树、白蜡树和梨树，有助于防止球虫病。

饲料储存

肉兔颗粒饲料往往比其他动物饲料腐败得更快，所以一定要把它们存放在干燥的地方，避免阳光照射。如果可以的话，一次只买饲喂 1 个月的量，特别是在夏天。我们一般一次买 1 吨或 40 袋（每袋 22.7 千克）。我发现，把饲料堆放在一个用煤渣砖垫起的平台上，保持离地 2 块煤渣砖的高度，在防止啮齿动物靠近方面有很大的帮助。

水

与所有生物一样，洁净的淡水供应对肉兔是至关重要的。理想情况下，应保持肉兔全天 24 小时的饮水供应。在寒冷的季节这可能会变得困难，因为水管、水瓶和水碗都有可能结冰。在这种情况下，要确保每天给肉兔至少提供 2 次充足的淡水。独立的钢碗或制作精良的圆柱形塑料杯子是很好的选择。可以挂在笼子上的盘子比独立的容器要好，因为即使是口渴的肉兔也有一个烦人的习惯——在喝水之前先把盘子翻一翻，甚至在里面排便。

在寒冷的季节里，我们所有的肉兔都住在一个没有暖气的温室里。当太阳下山后温室的温度下降到冰点以下，但白天温度会回升，使塑料水管解冻，在大多数日子里，即使是隆冬，到早上 10:00 时塑料水管也能解冻并工作得很好。我们还有圆柱形杯子，可以在多云或超冷的日子供应饮水，并且在夏天特别热的日子里也可以用它们来补充饮水，确保肉兔喝到足够的水。

肉兔喝多少水随着天气情况的变化波动很大。在外面放牧的肉兔或那些采食了很多新鲜青草的肉兔会喝得少一些，因为它们从植物中获得了代谢水。肉兔在凉爽的日子喝水较少，炎热的天气喝水较多；同样，非哺乳期喝水较少，哺乳期喝水较多。为了获得一个平均值，请注意，研究表明成年肉兔每天大约喝 0.3 升水 [6]。以此作为参考量，我们可以推测，每 12 只肉兔每天需要大约 3.8 升水。考虑到较小的肉兔比成年兔喝的水少，这似乎是一个高估的值，但当涉及饮水时，安全值总比最小值要好。

虽然让肉兔有规律地饮水至关重要，但如果某一天你忘了检查水源，第二天发现它不起作用，不要惊慌。如果环境不是太热或太湿润，肉兔实际上可以在没有水的情况下生存长达 8 天。因此，如果出于某种原因肉兔的饮水供应被限制了一两天，只要饮水迅速恢复，肉兔不会受到长期的伤害。但是不饮水肉兔就不会采食，并且在短时间内体重会大幅下降。

相较于口渴，肉兔更能抵御饥饿。只要有充足的饮水，肉兔

可以在没有饲料的情况下存活长达 4 周（尽管可能不那么舒服）。当然，这是一个很傻的小知识，因为你当然会每天给肉兔喂食和提供饮水。

脱水的标志

如果现在是冬天，你的水源供应情况很差，或者你刚发现水管堵塞了一段时间，了解脱水的标志对于监测兔群的健康是很重要的。注意以下 3 点：

① 良好的皮肤张力。用 2 根手指抓住肉兔脖子后面的皮肤，并保持拉伸几秒。水分供应充足的肉兔的皮肤会很快恢复到原来的状态。如果皮肤需要几秒才能恢复原状，表明肉兔脱水了。

② 出现凹陷。肉兔应该看起来饱满又圆润。如果它们身体的部分位置出现凹陷或变薄，肉兔可能脱水。

③ 丧失食欲。不喝水，肉兔就不会采食。如果肉兔不采食，它们可能无法获得足够的水分。

———————

如果肉兔看起来脱水了，请确保它们能持续获得新鲜的水。为了促进肉兔饮水，可以在水中添加一滴苹果醋，因为酸味会刺激唾液腺工作。这使肉兔喝水时感觉更清爽。反过来也让肉兔更愿意喝水。

饲养肉兔的花费

虽然饲料转换率因农场而异，但你可以使用联合国粮食及农业组织（联合国粮农组织，FAO）从多个养兔场收集的平均数，以便在采集自己的数据之前对年度饲料成本进行预算。表 8-1 中的数据是从整个欧洲普遍使用加利福尼亚兔和新西兰兔的养兔场收集的[7]。

表 8-1　肉兔不同生命阶段的饲料消耗量

阶段	备注	每天消耗的饲料量
青年兔 / 生长兔	4~11 周龄	99.2~113.4 克
带仔兔的哺乳母兔	4 周龄断奶	340.2~368.5 克
成年兔	维持体重	113.4~127.6 克

当所有这些不断变化的数据被一并考虑并取平均值时，这项研究得出的结论是，半集约化养兔场（每年每只母兔产 35 只仔兔）平均每天每只繁殖母兔需要 1.3 千克饲料。我用我们自己的生产记录核对这个数据，发现这个数据实际上相当接近真实情况。若要估计每年饲料消耗量，请用每天 1.3 千克乘以 365（每年的天数）计算，结果是 474.5 千克。饲料价格为：

$$474.5 \text{ 千克} / \text{只} \times \text{饲料价格} \times \text{母兔的数量}$$

因此，用我们的饲料价格（每千克 0.42 美元）计算，一个年生产 350 只可销售后代的拥有 10 只母兔的养兔场每年的饲料账单为：

$$474.5 \text{ 千克} / \text{只} \times 0.42 \text{ 美元} / \text{千克} \times 10 \text{ 只} = 1992.9 \text{ 美元}$$

与普遍存在的观念相反，在牧场上饲养肉兔并不能像我们所想的那样降低饲料成本。尽管我们使用了免费的补充料，但从传统的笼养养兔场收集的信息让我不得不相信，无论我们在牧草上节省了多少，都会因为肉兔在饲养单元中的活动增加而损失掉。当然，在我们看来，与生产力下降相比，我们在增加动物福利方面所取得的进步是非常值得的。

饲喂和饮水设备

在所有兔舍里，我们都使用了购自 KW 笼具公司的 24.1 厘米宽的有筛式金属喂料器。他们宣传这种喂料器能够容纳多达 1.9 千克的饲料，但我没有实际测量过。无论能容纳多少，它是足够用的，24 厘米的宽度足以服务 12 只肉兔。喂料器的标准开口为 6.4 厘米，但如果你的兔子个头大，也可以使用超大开口（8.3 厘米）的喂料器。

要在标准的金属笼中安装这种类型的喂料器，需要切割出一个比喂料器边长大约 1.3 厘米的矩形。我们的每个肉兔饲养单元安装了 2 个这样的喂料器，并把它们的底部拧到饲养单元中间的木条上。我们把喂料器放在饲养单元里面，而不是像以前那样把它们挂在金属笼外面。这有几个原因。首先，遇到恶劣的天气时喂料器在笼子里面可以保持饲料干燥。其次，这样做也可以使喂料器免受其他饥饿动物的破坏，如浣熊、鸟类，尤其是野兔，它们与我们的兔群接触可能会导致疾病和传染病。如果你不使用筛式金属喂料器，我强烈建议，无论购买什么样的，请购买底部有孔的喂料器。饲料槽中的孔可以让堆积起来的颗粒饲料粉末直接掉下去，这是很重要的，因为肉兔对粉末非常敏感。

对于饮水器，我们使用常规的 20 升桶，配备 7.9 毫米（内径）黑色塑料水管通向每个笼子里的乳头式饮水器。安装水管时，先在靠近桶底的桶壁上钻一个直径略小于水管的孔。接下来，使用打火机软化水管末端 5 厘米的位置。用钳子把已经高度软化的水管末端塞进孔里，直到把所有软化的水管和约 2.5 厘米长没有软化的水管都塞进桶里。修剪水管软化的部分，水桶就可以使用了。

在我们的养兔场里每 10 个兔笼使用 1 个 20 升的桶供水，尽管 20 升的水可以很容易地供应更多的肉兔。我发现，超过 10 个兔笼时水的压力可能会有点低，除非你的设备是往下倾斜的（我们的是水平的）。此外，水管有时会发生粘连，这会阻塞流向乳头饮水器的水。当这种情况发生时，使用比较短的水管线路可以更容易地找到问题区域并清除问题。

替代饲料的选择

正如我提到的，我们使用商业颗粒饲料，以确保我们肉兔的营养需要得到满足，虽然我建议你也这样做，但确实也有其他选择。事实上，有整整一本书专注于介绍肉兔的替代饲料。目前人们对这一主题的兴趣正在增加，特别是在气候不适合种植商业肉兔饲料常用原料的地方。由于全球变暖，气候变化如此之快，我们真的不知道未来在哪里可以种植什么，所以现在就学习替代方案可能是一项很好的投资。

就像我们早些时候在肉兔草地系统中看到的那样，德国人在直接放牧方面的试验已经证明在天然草地上生长的肉兔每年在每公顷草地上可以产生 224 千克蛋白质[8]。考虑到美国市场上 1 只肉兔的平均胴体重在 1.4 千克左右，我们可以得出这样的结论：经营一个小型养兔场，每年生产 300 只肉兔，只需 2 公顷的边际牧场。然而，德国的试验确实注意到了与肉兔草地系统报告所描述的相似的增长率下降问题。只吃饲草的肉兔体重增加的速度大约是舍养和笼养肉兔的一半，然而它们消耗了更多的饲草。这一事实，加上更高的被捕食、逃跑和疾病的风险，使得这种理论上可行的方法用于商业养兔时具有挑战性。

多年来，人们还做了许多其他伟大的研究，得出了一些可用于养兔生产的替代性饲料原料。在这里，我将从一个主要由联合国粮农组织总结的列表中选择并介绍一些我最喜欢的原料[9]。

我们的饮水系统。尼基·卡兰格洛供图

甜菜。欧洲一些老式的养兔者使用饲料甜菜来饲喂他们的兔子，特别是在冬季。甜菜含有17%~18%的蛋白质，叶子和根对肉兔都是可利用的。但是甜菜富含矿物质，这可能会引起消化问题。

野生胡萝卜。野生胡萝卜在欧洲和东南亚广泛存在，在美国也有栽培。野生胡萝卜是过去用于养兔的另一种传统饲料，它们对气候和土壤有高度耐受性，在热带地区也被用作饲料。

甘薯。虽然这种作物主要是为人类消费而种植的，但在毛里求斯、瓜德罗普和马提尼克，多余的甘薯作物被用作肉兔饲料。肉兔可以吃甘薯的块根，因为其含有70%的淀粉，能为肉兔提供大量能量，甘薯的茎叶也很好消化。块根可以切碎或干燥成薯片，也可以磨成粉后做成饲料[10]。

桑叶。在桑叶不被用来养蚕的地方，养兔者可以选择把它们作为肉兔主要的营养来源。成年肉兔实际上可以单靠桑叶生存，这是相当简便的。

杨树叶。美国的一些试验已经证明，青绿的杨树叶能够替代干燥的苜蓿，在肉兔饲料中可以添加到 40%。新生长的叶子比老树枝上的叶子更好，因为它们含有更多的蛋白质。

甘蔗。世界上一些潮湿的热带气候地区的农民已经成功地使用甘蔗来增加均衡饲料的供给。毛里求斯的一项试验证明，可以用切碎的甘蔗替代多达 50% 的生长兔饲料，同时兔的生长和生产性能没有下降。另一项研究发现，当肉兔可以选择饲料时，肉兔自己选择食用甘蔗，取代了均衡饲料的 40%。肉兔喜欢干的甘蔗叶，然后是绿叶，最后是粗切的茎条。

熟马铃薯。众所周知，食用生马铃薯通常对畜禽不好，但实际上肉兔吃煮熟的马铃薯是没问题的。让肉兔直接与人类争夺食物是没有多大意义的，但庭院农业生产者也可以给他们的肉兔饲喂一些常见的厨余垃圾，如马铃薯皮。同样，它们需要被煮熟，即使如此，也要避免饲喂马铃薯里所有绿色的部分。这些部分，由于过早暴露在阳光下，是有毒的。

椰子。马提尼克和斯里兰卡的一些生产商已经开始给他们的肉兔饲喂椰子。一项研究表明，椰子的饲喂量甚至可以占到总饲喂量的 30%。显然，肉兔喜欢吃去掉椰奶后剩下的所有绿色椰肉。

其他副产品。一些研究人员已经研究了在商业养兔生产中饲喂副产品的可能性。在世界上人类与畜禽高度竞争高质量食物的地区，这个研究是特别引人关注的。在科特迪瓦，养兔者有时给肉兔饲喂来自菠萝罐头的副产品，但因为它们蛋白质含量很低，所以饲喂量不多。在布基纳法索，从酿酒厂收集的酒糟也被用来饲喂肉兔。值得注意的是，这种啤酒副产品在肉兔饲料中的使用量可以高达 80%，只要额外的 20% 饲料配比恰当就可以。当以这个比例混合时，使用酒糟饲喂的肉兔的生产性能甚至优于使用均衡商业饲料饲喂的肉兔！

在我们的农场，我们有一种奢侈的做法，那就是打一个电话给我们当地的饲料厂，那里总是有我们需要的货物。尽管如此，我仍然有兴趣了解世界其他地区正在发生的事情，原因有几个。农业中一些最重要的创新是在资源获得受限制的条件下产生的。此外，工业化程度较低的国家的农场往往比美国的普通大型商业农场更像我们这样的小型综合农场。我们与布基纳法索的农民的共同之处可能比我们想象的要多得多——毕竟，哈德逊山谷里有很多酿酒厂。

反对饲料中添加药物的争论

在寻找完美的肉兔颗粒饲料时，你可能会偶然发现添加药物的饲料。添加药物的饲料是大量的饲料与兽药产品预混料的混合物。最常见的是含有抗球虫药的饲料，目的是在寄生虫病发生之前进行预防。虽然在必要的时候，我们使用抗生素和其他药物治疗生病的动物，但在我们的农场不使用任何添加药物的饲料。这是我们自己的选择，因为作为一个企业，我们不认可预防性地使用药物特别是抗生素的做法。这些药品的发明是人类最伟大的成就之一，但对它们频繁和不适当地使用会导致细菌或其他微生物的改变，使奇迹药物再无神奇。如果不是绝对必要的话，我们不想为耐药性问题添砖加瓦。

如果你选择使用添加药物的饲料，一定要注意标签上的休药期，因为销售（和食用）屠宰前未达到限定休药期的动物肉类是违法的。虽然没有直接关于肉兔的条例，但动物福利相关条例要求经认证的生产者将建议的休药期加倍，以达到动物福利标准。

第九章
健康与疾病防治

　　当我和不是农民的人谈论我的工作时，他们经常认为把动物带到屠宰场是我工作中最困难的部分。他们合理地假设我肯定会为结束另一个活物生命的任务而挣扎，但这真的不是让我晚上无法入睡的事情。对我来说，作为一个养殖者，最困难的部分是每天都要为农场上每一只动物的健康负责。面对意外死亡和疾病是令人难过的，当发生问题时，保持专注和积极的态度仍然是我工作中最困难的部分。记得我开始从事畜牧工作时读过一本很受欢迎的肉禽饲养指南。拉斯洛和我几乎像拥护圣经一样拥护它，所以我仔细阅读了那本书。在关于疾病和传染病一章中，作者讲了一些观点："如果你的动物生病了，那是你的错。只要做好工作，它们就不会生病。"记得当时我这样想："这很容易。我会做好一切，然后我将永远也不会面对任何生病或受伤的动物！"

　　我们的第一批雏鸡到了，我努力地遵照指南，把每只雏鸡的小喙塞到水里，在仔细地观察到一个漂亮的大吞咽后，轻轻地把雏鸡一只一只地放进一个完全按照作者写的规格建造的育雏器中。头几周过得出奇顺利，除了一个来访的朋友因为没有看清而踏进了育雏器，踩伤了2只雏鸡。到此为止，我们的做法是对的——正确地做每件事，一切都会很好。做一些愚蠢的事，如让某人在一个满是雏鸡的小房间里盲目地踩来踩去，问题就会出现。

就像书中所建议的那样，我们一大早就把雏鸡从育雏器移到牧场上。又过了一个星期，我们来到了放牧家禽的天堂。完美的、快乐的雏鸡每天都在变胖。然后，在第六或第七周的某个时刻，灾难降临了。我高兴地来到了田地里，却发现一只雏鸡躺在那里，仰面展开翅膀，已经死了。我吓坏了，也哭了。我在网上搜索关于该怎么做的建议。我给康涅狄格大学的合作推广部门打电话，给康奈尔大学打电话，给全国的自由养鸡户打电话，拼命地想知道是忽视了什么令人震惊的行为导致了这一死亡。我所能想到的是，在订购这些雏鸡时，我与上天达成了默契，我会尽最大努力照顾它们，直到它们生命结束的那天到来。然而，尽管我尽了最大努力，还是失败了，我觉得很内疚。

从那天开始，我从互联网上的陌生人、推广机构办公室，以及经验丰富的农民那里学到的东西可以用一句话来概括：有时动物会死。尽管你已经尽了最大的努力让动物活着并且活得很好，但它们仍会生病或死亡。尽管对外界而言这听起来很糟糕，但许多动物依然会在我的照顾下死去。有时这 100% 是我的错，有时我的责任更像只有 50% 或 25%。很多其他时候，这种死亡完全是我无法控制的。

我不想分享这个事实，因为我想鼓励你采取粗放或放任自由的方法来饲养动物。恰恰相反，我知道畜禽需要我们农民一直保持关注。但新农民应该知道，有时动物生病或受伤的原因是复杂的。最重要的是，它们不能告诉你出了什么问题——你只需要知道或尽你最大的努力去猜测。有时找到问题很容易，但找到解决办法却很难。另一些时候，问题需要用几周的时间来诊断，但解决办法很简单。想要养好动物，需要时间、经验及稳定提升的知识和本能——即使这些都做到了，动物还是会死。任何不这么告诉你的人都可能只是试图让你感觉好一些。

处理这个事实的关键是学会原谅自己的错误，然后找出让自己不再犯错误的方法。只要你真的在第二点中尽力了，就没有理由对自己苛刻。你可以做的就是慢下来。在我所收到的前五条最好的建议中，有一条是来自我的导师的智慧："农业每天都会出问题，关键是要想明白如何在晚上睡一个好觉。"这听起来很容易，但由于可持续农业似乎是那些痴迷于对周围世界产生尽可能好的影响的人的一种自我选择，所以我们农民往往倾向于沉溺于失败中。

事实上，最近我自己也需要非常努力地接受这个建议。今年冬天，我们的一些青年兔开始死亡，几乎没有前兆或明显的疾病迹象。杰米（Jamie），我们畜禽小组的成员，和我一起进行了一次又一次尸体剖检，虽然很明显我们的动物是由于肠道堵塞而死亡的，但我们无法弄清楚是什么造成了这个问题。我们寻找潜在的环境问题，但没发现什么；我们尝试在日粮中增加纤维，减少纤维；我们使用了苹果醋、益生菌粉和抗球虫药。这些都没有用。

很明显，在这个事件中我需要一些帮助——也许另一个受过训练的专业人士可以看到我忽视了的东西。所以我给农业技术推广员阿什利（Ashley）打电话，她马上来了。我很高兴听到她说她认为我们的养兔场是多么完美，她甚至说这是她见过的最干净的养兔场！得知我没有犯一些外行的错误，我松了一口气。但同时，令我沮丧的是即使是她也无法找到问题。时间在流逝，肉兔一直在死，但我想不到什么方法能阻止它们死亡。反正我得想办法让自己在晚上能睡着觉。

我们把一些粪便样本送到实验室，看看它们能告诉我们什么，有了这些结果，杰米和我就能把整件事拼凑在一起了。幸运的是，

大多数样本的结果是阴性的，而在那些生病和快要死亡的仔兔样本中只有一种我以前从未见过的不明类型的肠球虫病呈阳性。这种病有不同的症状，这就是为什么我们不能真正认出它的原因。此外，这种特殊的病原只有在特别早的时候使用抗球虫药才有效果，这也是我们的治疗不起作用的原因。

我仍然不能百分之百确定肉兔一开始是如何接触到这种疾病的。如果这发生在田地里，我只会归咎于地面，但这种严重的疾病进入了我们为了避免这种问题而用来饲养种兔和仔兔的金属笼。虽然我永远无法确定，但我怀疑这一切也许可以追溯到某一天，那天大约有 100 只蛋鸡闯进了养兔场（令我非常沮丧），并在我们的兔笼顶上吃被它们污染的饲料并拍打着翅膀，破坏了我们非常在意的生物安全措施。

最终，我知道，这次过失事件到最后是我的错，我让鸡进入了养兔场。但我也知道，为了一个无心之过惩罚自己毫无意义——如果我们确定这是真实的原因，实际上在 99% 的情况下不会出现这种问题，因为许多人成功地一起饲养了鸡和肉兔。所以我让自己休息，保持敏锐，努力工作，现在我可以很高兴地说，我们正在从这个充满挑战但也是信息丰富的挫折中恢复过来。我们会从这段经历中吸取经验教训，成为更好、更聪明的农民。

既然你知道在养兔场里会遇到一些问题，那就让我们继续，开始建立知识库，让你成为一个有效的问题解决者。动物健康和福利的第一条规则："预防是最好的药物。"正如联合国粮农组织在养兔推广指南中所指出的，生产者在培养健康肉兔方面最强大的工具是肉兔自己预防疾病的能力[1]。该指南接着解释了疾病、污染和毒害就在那里，在我们周围的世界里挥之不去（也许就在一只完全无辜的鸡的脚上）。关键是让所有这些远离你的动物。这就是预防保健[2]。

预防保健的重要性

不干净的饮水器和喂料器会滋生有害的霉菌和细菌。我们洗净水桶，并且每2~4周使用稀释后的漂白剂溶液（约1份漂白剂兑10份水）冲洗1次水管（如果有需要的话，可以更频繁）。这样可以消灭掉所有生长在里面的有害物质，并让我们有机会洗净或消灭那些肆意生长的藻类。在饮水中添加苹果醋也有助于保持设备清洁。正如我所提到的，这对肉兔也是一种很好的健康补充剂，在每3.8升水中加入1~2汤匙就可以。

我们在养兔场只使用筛式喂料器。它们的槽底有小孔，可以使颗粒饲料中的粉末脱落。由于肉兔不吃粉末料，确保粉末料有地方可去可以避免旧饲料的堆积。这很重要，因为旧饲料会发霉，而霉菌会导致疾病。在放入更多的饲料前，我们先通过刷洗的方式来清洗金属喂料器，再喷洒稀释后的漂白剂溶液，用淡水冲洗干净后干燥。

因为我们用底部为网状的金属笼子饲养种兔，用底部开放的饲养单元饲养生长兔，所以在我们所有的屋舍中没有太多的碎屑或粪便（木材和其他材料制的实底笼子或室内群养围栏可能会遇到这些问题）。我们用钢丝刷来回快速刷掉所有没有自己穿过网眼掉落的颗粒，这通常足以让我们的兔笼保持整洁。不知道为什么，我们的公兔笼总会变得毛茸茸的，我们用手持喷灯解决这个问题，根据需要烧掉肉兔留下的所有东西（当然是在肉兔不在里面的时候）。这使笼子看起来保持得很好——而且因为脱落的毛发含有细菌，所以最好防止它们堆积。灼烧金属笼子和器具也能消灭病毒、寄生虫和跳蚤，所以我们每季度或在发现任何疾病有潜在暴发趋势的时候都会灼烧所有的笼子。轻轻地用火焰喷烧木制兔笼可以获得同样的效

果——只是需要加倍小心，不要点燃它们。

每次使用后，我们都会使用同样可靠的稀释后的漂白剂溶液来清洗产仔箱。我们的产仔箱是木制的，所以这意味着它们和其他木制用具一样，需要进行良好的浸透处理才能有效地消毒。出于这个原因，我发现用漂白剂溶液装满浴缸并将产仔箱浸入几秒是最方便的。浸泡之后，把它们放在一个阳光充足的地方晾几天，晾干后再使用。准备一些备用的设备是有帮助的，因为这可以让你在周转、清洁、干燥的时候不用停止生产。一旦养成了执行这些步骤的习惯，所有这些步骤都会变得快速和平常。

记住，不能直接消毒脏污的设备。一定要事先冲洗或刷掉所有污垢，清理干净并晾干。

避免外部接触

许多可供肉兔生产者使用的技术资源强调了保持兔群封闭的重要性。这意味着只让兔群的所有者和受过培训的工作人员进入养兔场。技术顾问也呼吁定期使用洗手液和穿戴无菌装备，如鞋套和防护服，让兔群避开便服上携带的所有潜在的疾病。我非常认可联合国粮农组织的养兔推广指南，它称外部暴露的风险属于人为因素，坚持认为人是最危险的永久性疾病传播媒介 [3]。作者声称只有人类才能在触诊患有乳腺炎的母兔后有条不紊地感染那天触诊的其他所有母兔，这完全是正确的。但重要的是要记住，家庭农场不是医院，因此大多数农场不像医院那样运作。没必要冒着丧失其他方面的风险就为了解决无菌的问题。你可能需要考虑在接触不同肉兔间隙消毒你的手，特别是当你在牧场上接触肉兔后回到兔群时。我们的农场是一个社交空间，挤满了 CSA 的会员、游客、志愿者和我们日益壮大的团队。我们还运行着我们称为"玻璃墙"的活动,这意味着我们的代理商、顾客和社区成员可以看到我们是如何从头至尾饲养提供给他们的食物的。尽管存在"生物威胁",但我们的农场不是一个封闭的空间,并且没有人在进入畜舍前穿上鞋套。虽然我意识到在某些情况下我们需要限制进入养兔场的行为,但幸亏到目前为止我们还从来不需要这样做。

在我们的金属笼 - 放牧混合饲养系统中,在室外饲养单元饲养的肉兔和室内饲养的种兔之间确实有一个值得我们高度重视的地方。我们的肉兔最常见的发病原因是在室外放牧时接触了野兔。出于这个原因,一旦我们把肉兔移到户外,我们便不会再把它搬回兔群。如果出于某些原因我们需要把动物从牧场上带走,我们会把它隔离在一个单独的畜舍里,以确保它不会与兔群里的其他肉兔接触。我们不能冒险,因为即使是看上去完全健康的肉兔也可能是传染病的潜在携带者。

确保兔群不受自然环境的影响

在理想的地中海气候(不会太热或太冷,空气总是干燥的)以外的任何地方饲养肉兔的关键是确保兔群不受自然环境的影响。肉兔对低至 -23℃和高达35℃的温度有着惊人的适应性,这是很好的,因为在纽约州北部,每年都有一些时间会达到这样的温度。只要远离日晒、风吹和雨打,在大多数情况下就可以让肉兔苗壮成长。

大多数情况下感到寒冷的肉兔都有能力调节自己的体温。它会本能地改变身体姿势,通过蜷缩来减少热量损失,同时增加采食量,以便可以消耗更多热量来保暖。研究甚至表明,如果在剃掉兔毛后使肉兔暴露在寒冷的空气中,加利福尼亚兔会长出黑色的毛来代替

原来的白色毛，以便从日光中吸收更多的热量[4]。然而，如果将动物暴露在潮湿或多风的条件下，这些调节温度的能力就会大大下降。所以记住，寒冷对肉兔来说没有问题，但又冷又湿就会使肉兔处于危险之中，如果寒冷潮湿再加上有风，肉兔在这样的环境中基本上就没救了。

另外，肉兔对炎热也有良好的自然应对本能。在温暖的日子里，肉兔会伸展四肢，最大限度地发挥它们大耳朵和长四肢散热的潜力。由于其满身的毛皮，出汗不是肉兔有效的散热方式，因此肉兔通过喘气疏散身体的热量。自然，它们也会减少活动，直到晚上气温下降。然而，如果没有阴凉和通风，肉兔就无法做到这些，养殖者的责任就是在不具备相应的自然条件时为肉兔提供这些条件。

如果你没有一个现代化的温控畜舍，别担心，我们也没有。幸亏还有其他方法可以让肉兔在热浪中感到舒适。正如我所提到的，我们的畜舍是一个普通没有暖气的拱形温室（与我们用于蔬菜生产的其他 3 个棚舍大小和风格相同），没有供热和降温设备。我们的房舍适合饲养动物的原因是双重的：首先，它是由白色聚氨酯覆盖的，与我们用于蔬菜棚舍的透明材料相比，它能阻挡更多的阳光进入。其次，在春天、夏天和秋天，整个房子都被一块遮阳布覆盖，这是一种可以在市场上买到的材料，通常被用来覆盖在温室上面，使温室在夏天保持凉爽。遮阳布通常由针织涤纶制成，也可以是铝制的。不同类型的遮阳布遮光度不同，具体用百分比表示。我们现在畜舍用的遮阳布的遮光度为 60%，这意味着它可以阻挡照在它上面 60% 的紫外线。这一特征，结合白色聚氨酯和一些重型风扇就足够了。然而，下个季度我们准备买遮光度为 80% 或 90% 的布，以更好地应对越来越常见的热浪。

纽约的夏天太热，不能光靠阴凉来保持肉兔的凉爽。一年下来，几乎有整整一周的气温在 38℃以上。这让我很紧张，但我们很快就行动起来，在所有笼子的顶部铺上油漆匠用的帆布，每隔几小时用水浸泡一次。帆布吸收了大部分的水，使得肉兔保持干燥，并且下面的空气随着水分蒸发而变得凉爽。

一个简单的喷雾系统可以做到同样的事情——而且做得更好。只需连接一个普通的花园水管，水雾线就可以喷出水滴直径小于人类的头发丝的水雾。当这些水雾撞入周围的空气时，它们会瞬间蒸发，使周围的空气温度降低 11℃左右。这些系统安装容易，而且相当便宜。全套装备可从 KW 笼具公司购买，如果你的兔群规模与我们的相似，分摊到每只母兔上的成本约为 4 美元。我们最近买了一套，并在今年第一个气温达到 32℃的日子开始使用。它对肉兔来说很管用，说实话，我也喜欢站在它的下面。

根据农场的布局，在极端炎热的天气下让外面放牧的肉兔保持凉爽可能会有点棘手。如果饲养单元靠近水源，可以简单地在里面设置一个喷雾系统。如果饲养单元在后面的田地里，就像我们有时做的一样，最好的选择是冷冻一些每块 2 升大小的冰，并把它们放在饲养单元里，让肉兔舒服地坐下来休息。准备 2 套装备，这样就可以在冰融化时将它们换掉。我只有在气温超过 35℃时才这样做，并且到目前为止，我们从来没有因为在外面牧场上产生热应激而损失过肉兔。

识别热应激

虽然我们从来没有因为在外面牧场上产生热应激而损失过肉兔，但不幸的是，在畜舍里我们损失过。在我们还没有建造好新畜舍的一个早春，我们的肉兔在一个蔬菜温室里度过了冬天。因为外

面还很凉，所以当时我还没有把肉兔搬回它们夏天用的阴凉的旧畜舍。也是出于这个原因，我们的蔬菜团队也没人在温室上盖遮阳布。

那天，在经过几周的阴雨天后，太阳终于出来了。我正在田里工作，除了想晒晒太阳，没有想任何其他的事情，直到我们团队的一个成员跑来告诉我肉兔出了问题。当我到那里的时候，1只母兔已经死了。我甚至还没有机会弄清楚发生了什么，我们又失去了2只母兔。然后我感觉像被一堆砖头砸中了一样。所有黑色毛皮的肉兔都处于危险之中。即使天气不是很暖和，阳光直射也会给肉兔带来严重的热应激，最坏的情况是中暑。我仍然认为那天是我成为一个农民以来最糟糕的一天。但我希望在读完我的经历后，你不会再犯同样的错误。我还想让你知道，即使是所谓的专家也会不时地犯些大错——尽管我可以向你保证，我再也不会犯这样的错误了。

顾名思义，中暑是体温突然上升。在体温峰值期，因为动物无法散热，就会引起神经和身体的各种症状。如果你不像我那样惊慌，热应激的迹象就很容易被识别出来。寻找嗜睡、迟钝、过度喘息（这里的关键词是"过度"，因为在温暖的日子肉兔有规律地喘息是正常的）和耳朵周围的皮肤发红的肉兔。随着热应激的加剧，肉兔会开始流涎，尽最后的努力降低体温。流涎对所有品种的肉兔来说都不是一种正常行为，所以如果看到肉兔面部和嘴周围有口水，很可能肉兔已经中暑了，你应该迅速采取行动，让受影响的动物的体温降下来。不及时行动会导致病兔抽搐，然后昏迷，甚至死亡。

要迅速降低肉兔体温而不让它休克，首先要把肉兔带到阴凉或有空调的地方。接下来，要么用喷瓶给肉兔喷上水雾，用湿毛巾把它裹住，要么把它放在一个装满水的浅盆里。记住一定要使用凉水，但不是冰水。保持冷静，轻轻地触摸肉兔，以防止额外的应激。

我知道这听起来很可怕，但别让我的糟糕经历吓得你不敢养肉兔。预防中暑所需要的就是警觉和注意力。不要被没有发生的事情束缚住，你和你的肉兔会没事的。

优先考虑空气质量

即使是最干净、最阴凉的笼子也不能弥补不舒适的环境。为了苗壮成长，肉兔需要足够的空间（饲养单元和兔笼的规格详见第三章），也需要质量良好的空气。虽然在牧场上保持良好的空气是很容易的（户外有充足的通风），但在畜舍或其他封闭的设施中可能是很棘手的。室内空气中的氨水平应该是关注重点，因为过多的氨会严重影响肉兔的上呼吸道系统，而功能下降的呼吸系统为细菌感染打开了大门。

氨水平的升高是由于尿液中自然降解的有害气体的积累，20毫克/千克被认为是畜禽能承受的最高阈值。即使如此，建议养殖者努力将氨水平控制在10毫克/千克以下[5]。在夏天这对我们来说很容易，因为种兔被安置在一个29.3米×9.1米的拱形房舍里，有充足的通风。在较温暖的几个月里，我们需要做的就是打开门，卷起两边的覆盖物，让新鲜空气涌进来。另外，在夏天我们只把肉兔和雏鸡关在畜舍里，所以氨的产生量相当低。

然而，冬天的情况是不同的。一方面，天气很冷，我们要保持门关闭，两边放下来，让肉兔保持温暖，防止水管被冻上。另一方面，由于寒冷、大风和潮湿，在冬季不适宜放牧的时候，我们有更多的动物在拱形畜舍里。在春天、夏天和秋天，我们的拱形畜舍是用来饲养种兔和幼小动物的；但在冬天，它容纳了蛋鸡、种兔和9月后出生的所有仔兔，以及五六只育肥猪。视天气而定，我们甚至可能有一两批初生仔鸡需要在那里育雏几周。我不会用"拥挤"这个词，因为我们非常努力地不让我们的动物过度存栏，但在1月、2月、3月必定达到了拱形温室的最大承载能力。在这几个月里我们需要认真监测空气质量。

环境良好的畜棚和畜舍真的没有什么气味，除了粉尘、干草的味道，也可能是木屑的味道。如果一个不是农民的人走进养兔场后仅仅闻到了这些气味，那么说明空气质量很好。但是，如果一个养殖者走进他们的养兔场，闻到的只是这些气味，那么可能仍然存在问题。这是因为一般人都能很清楚地闻到氨的味道，即使浓度只有20毫克/千克。然而，对养殖者来说，经常暴露会使其变得对氨的气味不敏感，即使氨水平很高也很难注意到。为了弥补这一点，我用氨试纸条来检测氨水平。它们便宜、检测快速，对于我们来说也足够准确。可以从网上购买这种试纸条。使用时只需撕下2.5厘米长的一条，用几滴干净的蒸馏水把试纸弄湿。这张试纸就会在几秒内改变颜色，与说明书上的附图相对照，就可以知道空气中有多少氨。

我们的畜舍有能高度渗透污垢的泥土地和良好的排水系统，所以当氨含量很高时，通常不是因为肉兔，因为它们的尿液会渗入地下并排出。这通常是由蛋鸡引起的，因为它们的垫料要么不够干燥，要么厚度不够，要么不够干净，或是这些问题的任何组合。如果养兔场里氨含量很高，你应该：

增加空气流通的速度，但不让动物暴露在极端的天气中。

更加频繁地清除粪便。

在笼子下面添加一个可以临时吸收尿液的垫料底座。但请注意，松木刨花比干草和稻草要好，干草和稻草的吸水性不强，而且往往会堆积起来，使它们很难被去除。

如果你做了这3件事，氨水平仍然很高，可能是饲养密度太大。

氨水平高和饲料也有联系。如果肉兔饲料中有太多的蛋白质，多余的蛋白质将通过尿液以氨的形式排出。这样，当尿液与养兔场中的细菌混合时会产生氨。要确定饲料是不是畜舍中氨产生的来源，可以寻找一下苍蝇，因为它们也会被多余的氮所吸引，并且可以作为确定这个问题的一个很好的指标[6]。

到新的牧场轮牧

在以放牧为基础的系统中饲养肉兔需要额外的预防保健措施，而传统养兔模式不需要考虑这一点。肉兔对牧场上存在的所有主要寄生虫家族都很敏感，包括吸虫、绦虫、肠道蠕虫和球虫等，其中许多寄生虫即使没有宿主也可以在土壤中生存相当长的一段时间。因为肉兔对寄生虫很敏感，所以重要的是把肉兔放在新的草地上，以限制它们和寄生虫接触。缅因州有机农户和园丁协会的一份报告建议肉兔在一整年内都不应再回到同一个地方放牧，但根据我们的经验，3个月就足够了[7]。然而，如果肉兔的健康或生产性能变差，你就应该增加牧场的休息时间。

在大多数情况下，遵循这些指导方针将使养兔场运行顺利。但疾病可能每天就在我们身边，在以放牧为基础的畜禽管理中没有什么是永远不会发生的。当事情暴发时，保持冷静，尽量不要被互联网上的言论束缚。互联网上多是宠物主人和业余养殖者，而不是兽医和经验丰富的养殖者。除了很少的一些例外，大多数建议都没有帮助，而且你读到的很多东西只会让你感到紧张。如果你能找到一个小家畜方向的兽医，就与他建立联系，并与附近的其他肉兔养殖

无论何时我们想要增加畜舍的通风，只需保持两边的覆盖物卷起，门打开就可以

者建立联系，在困难时期，他们将是你最好的资源。如果你需要帮助来联系到合适的人，那么联系当地合作的农业技术推广员——这是他们的工作。以我的经验，他们真的很擅长帮助农民获取信息！

常见疾病

就像所有的生物一样，肉兔可能会发生的疾病可以列出一个很长的表格。下面几页的内容并不全面，但涵盖了最常见和最严重的疾病。

当我为诊断一个问题去寻找有帮助的信息时，我喜欢使用医学兔（MediRabbit）网站[8]。这是一家位于瑞士日内瓦的教育性非营利组织，由家兔生物学和疾病专家埃丝特·范普拉克（Esther van Praag）博士管理。他们的工作人员曾经对我的询问给出了亲切的答复，并提供了经过充分研究的有益的建议。我总想给他们捐款作为回报。

病兔基本医疗方案

不管问题是什么，你在兔群中发现一只生病的肉兔时，都应该采取 6 个基本步骤。下面的清单是根据太平洋西北部推广办事处的出版物改编的[9]。

① 标记装有生病肉兔的笼子、移动围栏或饲养单元。

② 隔离生病的肉兔。理想情况下，把它们搬到一个单独的房间或建筑物里，但如果做不到，让它们尽可能远离健康动物，并确保没有直接接触。

③ 再次接触健康肉兔前先消毒双手。按先照顾健康动物，后照顾生病动物的顺序操作，以防止疾病通过你的手或工具传播。在照顾健康动物之前，对工具和你的手进行消毒（如果有条件，靴子也要消毒）。

④ 诊断出问题后开始适当的治疗。如果不能自己诊断，联系一位专家。

⑤ 淘汰所有无法治愈的肉兔，然后把它们埋在远离养兔场和牧场的地方。

⑥ 在饲养下一批肉兔之前，清洗和消毒所有装过生病肉兔的笼子、移动围栏和饲养单元。

脓肿

肉兔的脓肿和人类的脓肿几乎是一样的。诊断时，在身体上寻找是否有脓液积聚的肿胀区域。在肉兔身上，常见于下巴附近的皮肤下，或有伤口或划痕的地方。脓肿是一种细菌感染，有许多潜在原因，但最常见的是由牙病或损伤引起的。

如果你自己曾经有过脓肿，你可能已经知道治疗方法：抗生素和切开放脓。不幸的是，口服抗生素对于肉兔的脓肿通常不是很有效，所以如果想治疗脓肿，就需要切开放脓。切开放脓意味着打开脓肿并清除里面的脓液。虽然有稳定的手和强大的胃的农民可以自己做到这一点，但通常来说最好把引流脓肿的工作留给兽医。一旦脓液被排出，就需要用过氧化物消毒伤口，并用抗生素软膏涂抹，以便伤口愈合。

由于脓肿治疗困难并且昂贵，免疫系统薄弱的肉兔可能还会出现潜在症状，所以我们很可能选择淘汰受感染的肉兔，而不是治疗它。

乳腺阻塞

乳腺阻塞可能是某个时期你自己得过的另一种病。和人类一样，有时哺乳的肉兔妈妈生产出的母乳比它的仔兔需要的还多，可能会导致乳腺管堵塞。

该病的症状是肿胀、发热和坚硬的乳腺，但小心不要搞混一个简单的乳腺阻塞与乳腺炎（一种可以引起类似症状的细菌感染，我将在本章后面讨论）。为了治疗堵塞的乳腺管，可以用温热的布料按摩乳腺，挤出部分母乳以减少其积聚。注意不要完全排空母乳，因为这将刺激产生更多的母乳。

肠炎（腹泻）

肠炎是由肉兔肠道炎症引起的胃肠道疾病。这相当容易辨别——看看粪便就行。如果粪便是软的、松散的、黏液样的或水样的，肯定有一些肠道炎症。其他症状包括沾有粪便的臀部、体重减轻、脱水、褶皱的毛皮，以及不良的身体状况。当你有了经验之后，你一看到兔子就可以发现问题。虽然这听起来可能很疯狂，但我的确可以在有任何明显的症状之前发现肠炎。

虽然肠炎很容易诊断，但很难确定病因。基本上，任何影响盲肠微生物的因素都可能是该病的病因。人类有时也会发生腹泻，这没什么大不了的，但与人类的情况不同，肉兔的肠道问题往往是致命的。不适当的饮食，如纤维含量太低或碳水化合物、糖类含量太高，以及饮食的突然变化、应激和环境问题都会引起腹泻。在这种情况下，改变饲料和改善环境条件就可以解决问题。

在其他情况下，肠炎可能是由病毒或致病性细菌引起的，如巴氏杆菌，我将在本章后面讨论。肠道寄生虫（如绦虫）和原生动物（球虫）也会引起腹泻。在这些病例中，肠炎只是一个更大问题的症状之一，治疗方法将取决于那个更大的问题。不幸的是，当肉兔发生腹泻时情况往往已经变得很严重了，因而无法治疗。出于这个原因，我们通常在肠炎的第一个症状出现时就淘汰或屠宰我们的肉兔。

毛球

就像猫、狗和其他有毛的动物一样，肉兔会产生毛球——在胃里因毛发聚集在一起所致。这在长毛兔品种中最常见，如安哥拉兔，毛球是由快速和过量食入毛发引起的。在症状轻微的情况下，这将

导致肉兔排颗粒粪便——一般是小的单个颗粒，并被串在一起。一些农民称其为"一串珍珠"，这有点恶心，但也相当准确地描述了它的样子。症状更严重的肉兔会表现出食欲下降，并且在胃里会有一个硬块，可以通过触诊发现。

预防一如既往是最好的治疗方法。如果你确保肉兔的饮食中有足够的纤维，在肉兔换毛的时候为它们刷毛，并取出笼子里掉落的毛发，这样你会较少遇到这个问题。如果你确实发现了令人讨厌的毛球，让肉兔口服大约14.8毫升的矿物油可以帮助它排泄出毛发。

笼内灼伤

笼内灼伤也称为尿液灼伤，是由于经常接触尿液引起的，最常见的是因未经适当清洗的实心地板的笼子、脏污的休息板或产仔箱引起的。该病很容易被识别——寻找秃斑和皲裂、发红、发炎的皮肤。这些症状多存在于腿部和生殖器周围。该病由环境因素引发，不具有传染性或接触传染性。为防止灼伤的发生，你需要做的就是通过改善肉兔的住所环境，保持肉兔的清洁和干燥。治疗笼内灼伤时，可以用温水轻轻冲洗病兔，拍干后再把它们送回清洁干净和干燥的地方。

妊娠毒血症（酮病）

妊娠毒血症会导致病兔行动迟缓、眼神呆滞、食欲不振和死亡，该病通常会发生在产仔前或产仔后。这在头胎妊娠中非常常见，在我们的农场，常发生在妊娠最后一周。虽然确切的原因未知，但它被认为是由饥饿引起的，这很讽刺，因为这种疾病多影响肥胖的肉兔。如果患病的母兔在分娩前没有死亡，通常分娩仔兔就可以解决这个问题，否则没有什么其他的治疗方法。保持母兔体重处于目标体重范围内是降低该病风险最好的方法。

乳腺炎

乳腺炎的症状和哺乳母兔乳腺管阻塞时的症状相似：乳腺和乳头出现红肿，并且摸起来很热。区分这 2 种疾病的一个准确方法是观察组织是否呈现蓝色，这只在患乳腺炎的情况下出现，乳腺管堵塞的情况下不会出现。这就是为什么乳腺炎俗称"蓝色乳房病"。病兔会感觉很疼，因此可能会拒绝为仔兔哺乳。它们也可能表现出食欲下降。

乳腺炎是由乳腺中存在的细菌引起的，最常见的是葡萄球菌。治疗乳腺炎需要使用抗生素，因此，预防至关重要。确保产仔箱的边缘是光滑的，以防止乳头受伤，并在产仔前对产仔箱进行消毒。不要将仔兔从感染的母兔那里转移给寄养的母兔，因为该病可以传播感染。此外，在接触其他肉兔之前，一定要对你的手进行消毒，以避免你自己成为一个无意识的带菌者。

兔梅毒（兔密螺旋体病）

和人一样，肉兔也会得性病，兔梅毒就是其中之一。你可以通过观察生殖器是否有水疱、结痂和炎症来确定梅毒的暴发。肉兔嘴部和面部的红疮也可以作为一个指标。这种情况是由密螺旋体引起的，公兔、母兔都会发病。

种兔可以把这种疾病传给它们的后代，所以需要在暴发前迅速控制该病。要做到这一点，请咨询您的兽医，以获得适当的抗生素，并治疗所有相互接触过的肉兔，即使它们没有表现出症状。并不是

所有的携带者都会同时发病，所以这是确保永远摆脱这种疾病的关键。一旦该病被根除，肉兔经历了所需的净化时间，繁殖就可以继续下去。

跗关节痛（兔脚皮炎）

兔脚皮炎是指在肉兔腿的下部、脚上和脚垫上形成脓肿或硬结。它们往往是由于肉兔关节或脚受到压力而产生的，可能是由于金属笼支撑不当、肥胖和不干净或潮湿的笼舍所导致的。皮肤上的任何擦破都为该区域提供了受到感染的机会，导致脓肿。

为了避免在兔群中发生该病，应确保笼舍干净和干燥，底板应有足够的支撑，这样就不会引起肉兔的腿不自然弯曲。最好添加一个木板，可以让肉兔在上面休息，促进患处愈合。如果该病普遍存在，说明笼舍可能有问题，你应该联系兽医或农业技术推广员来现场指导，以帮助确定原因。

耳螨

如果发现肉兔过度挠耳朵或摇头，在畜舍里可能有耳螨。寻找堆积在肉兔耳朵里的蜡棕色或任何可见的结痂，因为它们是该病的最好指征。耳螨是一种不知从何而来的极小的蛛形纲寄生虫。耳螨在户外和饲养单元里饲养的肉兔身上尤为常见，但如果畜舍里有耳螨，它们可能寄生在稻草或干草上，然后从那里传播开来。

虽然很恶心，但耳螨是可以治疗的。要摆脱它们，首先要把受感染的肉兔和兔群隔离开。接下来，用稀释的漂白剂溶液消毒所有的笼舍、饮水器、喂料器和产仔箱。在症状轻微的情况下，在感染的肉兔耳朵里加几滴植物油会使螨虫窒息，消除问题。你需要每隔1天重复这个步骤1次并一直持续几周，然后在接下来的2周内再重复 2 次，以预防螨虫复发。不要移除任何结痂，因为它们会自己脱落。一旦治疗完成，肉兔就可以回到兔群中。

如果感染严重，可以用伊维菌素治疗种兔，这是一种用来治疗各种寄生虫的药物[10]。我从未在伊维菌素药物上看见肉兔使用的标记，所以请与兽医确认适当的剂量和治疗时间。这是一个药效相当强的药物，它有 2~4 周的休药期。

球虫病

任何一个养了几年动物的人都会告诉你他们曾经经历过可怕的球虫病——而你已经听过我的经历了。这是一种常见的孢子虫感染，几乎可以危害所有品种的牲畜，幸运的是这种多产的寄生虫疾病具有宿主特异性，如在鸡中暴发的球虫不会影响羊。

该病的致病寄生虫被简称为球虫，它往往只存在于环境中，但根据我们的经验，在温暖、湿气重和潮湿的天气中该病的暴发变得特别普遍。球虫进入动物体后，在肠道中增殖，并通过粪便传播给其他宿主。这种传播过程被称为粪口传播。一旦环境中存在球虫，它们就很难被消灭——卵囊可以在没有宿主的情况下存活 1 年以上。在肉兔身上，球菌感染会对肝脏和（或）肠道造成损害，随着时间的推移，这些损伤会导致严重的疾病或死亡。

可以通过观察软便、腹泻、体重减轻、生长缓慢、食欲减退等症状识别球虫病。突发的身体状况不佳是一个很好的指标。有 2 种类型的球虫感染：肝感染和肠感染。如果感染发生在肝脏，你在剖检时会发现肝脏明显肿大，上面有许多白色的斑点[11]。如果感染发生在肠道，就像我们今年冬天发现的一样，你会看到充满气体的膨胀的消化道。

该病可以用抗球虫药（如氨丙啉）和抗菌药物（如磺胺二甲

嘧啶）治疗，它们可以通过在线兽医药店和一些农场商店购买[12]。然而，我们通常会尽可能地选择尽早屠宰，除非问题发生在繁殖群中或我们很早就在青年兔群中发现。结束发病恶性循环的关键是保持良好的环境卫生。确保笼子和产仔箱是干净的，没有粪便；每天至少移动肉兔饲养单元 1 次，如果你发现过 1 次球虫病，需要移动得更频繁。给肉兔提供单宁含量高的树枝，如柳树和梨树的嫩枝，作为一种预防措施。

兔传染性鼻炎（巴氏杆菌病）

流泪、流鼻涕和频繁打喷嚏是兔传染性鼻炎的征兆（我保证这是技术术语）。随着病程的发展，受感染的肉兔可能会变得嗜睡，停止进食或饮水，进而体重下降和脱水。还有一些其他的健康问题可能是由传染性鼻炎引起的，包括神经紊乱和脓肿。

这种疾病是由细菌感染引起的，通常由多杀性巴氏杆菌引起，这就是为什么它有时被称为巴氏杆菌病。免疫系统强大的肉兔可以携带大量的这种细菌而不发病，但虚弱或处于应激下的动物可能会发生严重的健康问题。几乎在任何地方都可以发现巴氏杆菌，但是在通风不良、灰尘多、发霉或潮湿环境中动物特别容易被感染。同样，在牧场上饲养的动物风险更大，因为细菌可以在土壤中存活，也可能由与兔群有接触的野生家兔携带。

兔传染性鼻炎是一种棘手的疾病，尤其是当你试图避免使用抗生素时。如果你看到一只肉兔表现出该病的症状，立即隔离它，因为这种疾病可以很快传染给脆弱的动物。你还应该用稀释的漂白剂混合液对所有的喂料器、饮水器和笼舍进行消毒。如果生病的动物在牧场上，可以把饲养单元移到新的地方，以减少潜在传播。一些受感染的动物会自行恢复，而另一些则会继续恶化。淘汰无法康复的动物，以减少潜在传播和结束病兔的痛苦。兔传染性鼻炎可以用兽医提供的抗生素处方进行有效的治疗，但如果采取这种方法，需要迅速行动。

肉兔对巴氏杆菌的易感性是商业生产中肉兔很少在户外饲养的一个主要原因。这种细菌在自然界普遍存在，几乎不可能永远避免它。在整整 2 个季节都没有出现问题后我们经历了该病的第一次暴发，它吓坏了我们。完全健康的肉兔有一天突然变得嗜睡，第二天又消瘦了。在一次非常昂贵的兽医诊断和 200 美元的尸体剖检之后，我们被告知，我们所能做的就是清理畜舍，消毒所有的用具，把饲养单元搬到新的地方然后顺其自然。我们那样做了。在短短 1 周内我们失去了十多只小肉兔，我们害怕很快就会失去整个兔群。幸亏这种情况没有发生（尽管互联网上说过有这种情况）。最强壮的肉兔要么康复了，要么根本没有生病，留给我们的那些肉兔对这种疾病有了自然抵抗力。我认识的一位杰出的肉兔生产者告诉我，当他第一次把肉兔放在牧场上时也经历了同样的事情。真正防止兔传染性鼻炎的唯一方法是通过育种提高肉兔的抵抗力，但这需要一些时间。

结膜炎

如果肉兔眼睛红肿，有液体渗出，或眼睑粘连，它们可能患有结膜炎。这是肉兔的一种细菌感染性疾病，类似于人的红眼病。这可能是由过度拥挤、受伤或笼舍卫生状况不良导致的。最常见的致病菌包括葡萄球菌和巴氏杆菌[13]。

治疗结膜炎时，应打开眼睑（如果眼睑粘连），用温湿布清洁周围的组织。用硼酸或无菌生理盐水冲洗眼睛（同样可以用于人的眼睛），并涂上一薄层广谱抗生素软膏，这种软膏在大多数农场供应商店都可以找到。几天后病兔就可以痊愈。

斜颈

如果肉兔总是把头靠在一边，或者头歪着动不了，保持一个奇怪的姿势，这可能是斜颈。病情严重的动物可能会感到头晕，导致翻滚和进食困难。这是一种可能由许多原因引起的疾病，包括耳部感染、神经系统问题、寄生虫感染、头部损伤、脑瘤和中风。

该病的治疗过程取决于具体的病因，这使这个问题有点棘手。如果头部只是轻微的倾斜，可能是耳朵感染导致的。唯一的有效治疗方法是用生理盐水清洗耳朵内部，局部使用抗生素也会起作用。然而，严重的头部歪斜是很难治愈的，所以为了防止病兔痛苦，可以选择淘汰或屠宰。

兔黏液瘤病

兔黏液瘤病（俗称黏液瘤）是由兔黏液瘤病毒引起的，野生家兔可以携带这种病毒而不会发病。这种病毒在 20 世纪 60 年代和 70 年代摧毁了整个欧洲的肉兔种群，因为它具有传染性，而且很容易通过叮咬的昆虫（如蚊子和跳蚤）传播到很远的地方[14]。这就是它可以在整个欧洲迅速传播的原因。它也可以通过肉兔对肉兔的接触和共享用具来传播。某些菌株可以在 1 周内引起肉兔广泛死亡。幸运的是，黏液瘤的暴发在近几年非常罕见，在过去的十年里，国内报道的病例数不到 20 例，并且每一例都发生在加利福尼亚州或俄勒冈州[15]。

兔黏液瘤病没有治疗方法，感染的动物应该立即被淘汰。在亚洲和欧洲使用疫苗对这种疾病进行免疫，但目前美国还没有。兔黏液瘤病是一种需要报告的疾病，在美国任何发病病例都应迅速报告给农业部[16]。

皮螨

如果你看到肉兔频繁地抓挠，毛皮缺失和有大量的皮屑，那么说明肉兔有皮螨。这些症状通常出现于耳朵的底部和肩胛骨之间，是非穴居性皮肤螨虫感染的结果。可以通过非常仔细地寻找那些"小混蛋"来确认它们的存在。它们很小，但不需要用显微镜就能看到。

少量的螨虫寄生在健康肉兔身上可能没有任何症状，但体弱的肉兔受到的影响则很大。伊维菌素是一种有效的治疗药物，但再次说明，我只会在种畜中使用它，因为伊维菌素在兔肉销售中的休药期是 2 周，如果按照动物福利相关条例的建议将休药期加倍，则是 4 周[17]。为了防止进一步的虫害侵扰，清洁任何可能有螨虫的地方，如产仔箱或木质笼舍。确保干草和稻草新鲜干净，畜舍里的其他动物（如狗和猫）也没有螨虫。对新进肉兔进行至少 2 周的检疫隔离，然后再并入兔群。

蝇蛆病

如果你看到肉兔皮肤下面有一个硬块，看起来有点像肿瘤，但中心有一个独特的圆孔，那么肉兔可能会有蝇蛆病。蝇蛆病是一种噩梦般的疾病，马蝇把卵繁殖到肉兔的皮肤上就会引起。随着马蝇幼虫的成熟，一个大的硬块在皮肤下生长。最终，它们从宿主的皮肤中钻出来，成为肥胖的幼虫。这个独特的圆孔实际上是幼虫的呼吸孔，轻轻地挤压它的周围可能会露出一个突出的幼虫。

该病是可以治疗的，但本着充分分享的精神，我告诉你我从来没有发现过该病，幸运的是也从来不需要治疗它。然而，我确实知道，治疗的关键是切断对马蝇幼虫的空气供应，这样它们就会被迫从肉兔身上爬出来寻找氧气。要做到这一点，可以给那个小小的呼

吸孔涂上一层厚厚的凡士林，然后等待。当那些让人毛骨悚然的爬虫开始爬出来时，用镊子小心地把它们取出，但要小心，在这个过程中不要杀死它们。你需要把幼虫完整地取出来，因为留下的部分可能会引起继发感染。当完成这些后，用杀菌肥皂仔细地清洁伤口，并给自己鼓掌——你已成为世界上最勇敢的人[18]。

咬合不正（獠牙）

咬合不正是用来形容过度生长的牙齿的一种说法。这是一种可遗传的病，发生在下颌短于或长于上颌，或牙齿受损后。咬合不正可以通过修剪牙齿来暂时纠正，这样动物就可以在屠宰前正常进食和生长了，但是所有出现这种情况的成年兔都不应该作为种兔，因为这种病是可遗传的。只要正确操作，修剪牙齿的过程对肉兔来说并不痛苦。它类似于修剪趾甲，通常是使用常规的钢丝钳。然而，我建议让一个训练有素的兽医告诉你第一次该如何做，因为不正确的修剪会导致牙齿劈开或断裂。

当不知道要做什么的时候怎么办

也许有时你无法判断动物有什么病。如果发生这种情况，可以这样做。第一个方法是打电话给兽医。为肉兔找到一个好的兽医可能需要一点儿时间，所以一定要在建立兔群之前做好调查。找到一个好的兽医可能是一个挑战，原因是，大多数从事牲畜诊疗工作的兽医的工作对象是大型动物，这意味着他们专门研究更大的动物，如牛、马、羊等。通常小动物兽医更善于治疗肉兔，但这通常是在将肉兔作为宠物而不是牲畜的背景下进行的。专门治疗宠物兔的兽医可能会提出在农场上根本没有意义的治疗方案，要么太昂贵，要么需要使用不适合肉类生产的药物。

　　另一种选择是与农业技术推广员或推广专家联系。农业技术推广员是大学雇员，他们负责开发和提供教育方案，以在经济和社区发展、领导力、家庭问题、农业和环境等方面帮助人们。推广专家是从农业到生命科学、经济学、工程、食品安全、害虫管理、兽医学和其他各种相关学科的专家。农业技术推广员和推广专家都在大的合作推广系统中工作，而帮助你做好工作就是他们的工作。当我需要一些建议时，我会毫不犹豫地打电话给康奈尔大学合作推广部门的畜牧专家。

　　如果你的研究、你的兽医和你的推广专家似乎都不能帮助你，你还可以带一只死亡的肉兔到诊断实验室去分析死亡的确切原因。如果实验室就在附近，带着样品直接去是最容易的。否则，通过邮件运输患病动物的冷冻尸体是有具体规定的。当我不得不这样做的时候，我会让我的兽医帮我安排，因为她知道适当的程序，也很乐意帮忙。如果你要自己安排装运，请务必事先与邮政系统和要运往的实验室联系，以确保样品在正确的时间和正确的条件下送达。

　　你能提供的信息越多，对病理学家就越有用。正如俄勒冈州合作推广机构的一份名为《家兔疾病和寄生虫》的指南中所描述的那样，在发送标本时，附一封详细说明以下内容的信件是很有帮助的：

农场里肉兔的数量。

生病或死亡的肉兔的数量。

病兔的年龄和性别。

描述你所观察到的疾病症状，例如："肉兔出现水样腹泻，不吃不喝，并在 1~2 天内死亡。"

第一只肉兔死亡和之后肉兔死亡的日期。

发病率（无论在一个兔舍或移动围栏中，还是在散养兔群中）。

如果已经进行了治疗，是怎么治疗的？

正常肉兔的生命体征

根据《默克兽医手册》，正常肉兔的生命体征是 [19]：

体温：38.6~39.4℃。

直肠温度：39.6~40℃。

心率（脉搏）：每分钟 130~325 次。

呼吸频率：每分钟 32~60 次。

过去 6 个月使用的饲料类型、品牌及饲喂方法。

笼舍类型（是金属笼养、牧场放牧还是养在实心底板上）。

任何其他可能有助于解释病情的信息 [20]。

美国兽医实验室诊断学家协会有一个国家组织的实验室的全面名单，该名单可在他们的网站上查阅 [21]。请注意，诊断标本是昂贵的。当我们这样做的时候，它的价格大约是每只动物 200 美元。不需要把每一只死亡肉兔都送到诊断实验室去，你可根据情况自由选择。在我们的经历中，有一次疾病大暴发，因为疾病可能变得更严重，所以我认为确切地知道发生了什么是重要的。

我们的测试结果花了大约 1 周才收到。报告非常详细，也非常深入。我把报告交给了我们的兽医，她帮助我理解和分析信息。她无偿地做了这件事，我想大多数人都会这样做，但如果没有，这是另一个可以联系当地的推广专家的机会，或者你也可以和实验室里做检测的实验员谈谈。

该什么时候淘汰肉兔

一些人交替使用"淘汰""屠宰"和"分割"这几个术语。在我们农场，每个术语都指的是不同的行为。"屠宰"（或"加工"，这是我们农场通常所说的，因为它更容易让普通人接受）是我们在杀死动物作为食物的时候使用的术语。我们把鸡或肉兔关起来屠宰，说明它们是正常、健康的动物，已经达到了我们用于出售的预期体重。当我们"淘汰"一只动物时，这意味着选择安乐死（杀死，但不是为了获取食物）或提前屠宰它，作为结束它的痛苦或防止疾病发展及传播的手段。在屠宰不能生产的老年动物，或屠宰表现出我们不想传下去的不受欢迎的遗传特性的青年动物时，我们也会使用"淘汰"这个词。"分割"这个词是指把经过加工的动物分解成用于零售的不同部分。

毫无疑问，在某一时刻，无论商业养殖还是在庭院饲养肉兔，都需要面对的问题是：治疗一只生病的动物还是淘汰它。我认识的每个农民对待这个棘手的问题都不一样，没有统一的规则。当我试图决定如何描述淘汰肉兔，使它听起来不那么恐怖时，我看到了其他一些养殖者对这个问题的看法。正如哈维·尤塞里（Harvey Ussery）在《小规模家禽群养》一书中所描述的那样，对于鸡，他使用了一种与我的逻辑类似的方法。

如果你想治疗一只生病的鸡，并试图让它恢复健康，我祝你成功。当然，如果你有一个 6 只母鸡的鸡群，失去 1 只会比我拥有几十只母鸡的鸡群损失比例更大。但这本书的主题是富有成效的小规模鸡群的饲养，利用家禽作为食品独立的伙伴。也就是说，管理决策同时着眼于未来和现在。从这个角度来看，我决定立即从鸡群中淘汰病鸡，这并不像读者预先假设的那样冷酷无情。我关心的不仅是为

今天的鸡群提供尽可能健康和愉快的生活，而且要确保鸡群中所有鸡未来的福利。特别是对于像我这样自己育种的人来说，救治一只生病的鸡，把它的基因传给未来的后代，到底是仁慈还是残忍[22]？

诚恳地说，我完全同意哈维的观点。

———

我在本章中列出一份潜在的疾病清单的理由并不是鼓励你治疗每一种出现的疾病。可能你已经发现，我对大多数疾病如何治疗的描述是相当模糊的。在我们的农场，我们很少用抗生素治疗动物。一般来说，我们不会对小牲畜使用药物，因为它们在被加工成肉之前不会活很长时间，相比把它们饲养在那里，直到它们达到规定的休药期，我们更倾向于直接淘汰掉它们。这并不是说我永远不会对动物使用抗生素或其他药物。如果早期淘汰不是一个好的选择——例如，如果肉兔还很幼小，或如果问题出现在繁殖群——我会选择治疗。

说到肉兔，果断地淘汰是建立一个健康的、可以迅速恢复的兔群的关键。如果肉兔只表现出早期症状，但仍然可以舒适和安全地运往屠宰场，我们通常会选择这样做。对于许多疾病来说，传播风险或治疗成本太高了，因此对我们来说试图让动物恢复健康是没有意义的。就像尤塞里先生一样，我们只想把最健康的动物的基因传下去。然而，对养殖者来说，即使我们不是好的内科医生或外科医生，也必须成为好的诊断专家。即使要淘汰生病或受伤的动物，也仍然需要知道是什么导致了问题。能够识别一种疾病是防止它再次发生的前提。

第十章
肉兔的加工与包装

　　如果肉兔碰巧是你第一次尝试饲养的食用动物，那么在一开始，接受屠宰可能是一个挑战。我饲养牲畜大约有 10 年的时间了，但我仍然讨厌看着我们饲养的动物走下拖车进入屠宰场。结束另一个活着的生物的生命从来都不是一件容易的事情，但一旦你锻炼出熟练的技能，肯定会变得更容易。

　　在农贸市场上一直有人问我是否曾经亲自屠宰过牲畜。"是的。"我说，因为即使我们现在是在屠宰场加工，但我们仍然有几年是自己在农场加工，即使现在偶尔也会自己加工。通常，我会遇到倒吸气和诸如"我永远不可能（做到）"的反应。有时我假装没注意到他们的震惊和敬畏，有时我会说："别担心，我这样做就是为了让你不必这样做。"我知道这听起来有点刺耳，老实说，这可能就是我为什么这么说的原因，但这也是事实。养殖者和屠宰场技术人员纠结于杀死动物作为食物的道德困惑，这样公众就不必纠结了。虽然有些人认为我应该为拧断鸡脖子还睡得着觉的行为感到羞愧（是的，在我需要时，拧鸡脖子这种古老的方法仍然是淘汰生病或受伤的鸡的最好方法）但我认为自己是一名公仆。在一个杂食性的社会里，一些人不得不屠宰动物——为什么不能是我呢？

我也相信，很多食肉者说他们永远不可能杀死一只动物，可能是因为他们不知道该怎么做。我记得我第一次屠宰时拿着一把刀架在一只鸡的脖子上至少30分钟，然后我才能实际下手。我害怕我会在进行到一半的时候手脚变僵硬，不小心折磨了这只动物。我不会撒谎，我的第一次屠宰经验既不像我希望的那样快，也不像我想的那样痛苦。它是草率的，充满了不安全感，毫无疑问，对于动物而言这种经历是可怜的。但我第二次屠宰处理得更好，第三次很完美。学习屠宰肉兔的整个过程也是如此。

什么时候加工肉兔

如果按照计划进行，仔兔将在12~16周龄时被加工。我们在肉兔活重为2.4~3.0千克时把它们拉去屠宰。我们的肉兔屠宰率通常为55%（去头），即这个大小的肉兔可为市场提供1.3~1.6千克兔肉——完美的嫩兔肉。如果兔肉是用来烧烤或炖煮的，饲养的时间可以再长一些。如果这样做的话，不要忘记在16周后将公兔和母兔分开，防止它们繁殖。

去除毛皮后的胴体重与动物活重的比例称为屠宰率，每个品种和每个兔群的屠宰率都是不同的。按行业标准计算，55%的屠宰率是行业的平均值。这还不错，但不是特别好。兔群的肉质越好，屠宰率就越高。如果有良好的遗传特征和精心的育种，屠宰率有可能达到65%的水平。当用你自己肉兔的屠宰率与行业标准比较时，胴体重应该包括肝脏、心脏和肾脏的重量。

目测肉兔的活重是一件棘手的事情，所以不要犹豫，拿出秤来称吧。当兔肉价格为每千克20美元时，把太多体重不足的肉兔送去屠宰会对年终销售数据造成严重影响，所以除了发挥你的目测能

我们用吊秤称肉兔，
防止它们跳出来

力之外，采取一些额外的方法是值得的。我们用一个吊秤和一个可以把肉兔放进去的盒子称重，因为让肉兔在一个正常的桌面秤里保持不动几乎是不可能的。

　　根据遗传学规律和你选择的饲养方法，肉兔可能在短短 8 周内就达到上市体重。这是传统养兔场的黄金标准，但在我们的农场，我们甚至从来没有接近过这个标准。每当把我们的数据和大型工厂化农场得到的数据进行比较时，我们的效率总是落后很多，但我认为这没什么关系。我知道原因在于我们给予动物更高质量的饮食、更多的活动空间，并且没有抗生素。我们在效率上损失的，会在动物福利、ω–3 脂肪酸、肉质和风味方面得到补偿。

了解规章制度

　　为了避免在灰色地带做生意，你需要找到或开发一种很好并且合法的方法来加工肉兔。我建议你在得到第一批种兔之前就好好研究一下，因为许多州限制或禁止在农场里进行屠宰。

与鸡、猪、羊和牛不同，肉兔被认为是外来的或未被驯化的牲畜。这意味着在《联邦肉类检验法》中不包括兔肉，它不属于政府要求或资助美国农业部检查的种类。为了弥补这一事实，任何州的非驯化牲畜如鸵鸟、鹿和野鸡，它们的生产者都可以选择自费进行所谓的"自愿检验"，即生产者可以自己雇用一名不当班的美国农业部检查员来监督屠宰和加工过程。通过自愿检验的产品都会加盖印章，并且可以在全国各地自由销售，就像其他经过检疫的肉类一样。然而，这种方法对于小型生产者来说是昂贵的，而且通常是不切实际的。雇用检查员每小时需花费接近100美元。你可以在1小时内加工很多肉兔，所以这不是问题所在。相反，问题在于检查员必须全程留在现场，并且你要为整个过程支付报酬，甚至包括冷却、分割和包装。考虑到仅仅冷却就需要几小时，因此这种方法对于那些需要加工大量动物的大公司来说才实用。例如，美食供应商达塔尼昂通过自愿检验的方法加工肉兔。

但别担心，许多州都有自己的州条例和检验设施，允许农民规避这些联邦准则。各州对于肉兔加工的规定千差万别，所以你需要联系当地的农业、市场及卫生部门，才能确切地了解你所在的地区允许做什么。如果很难找出怎么做是合法的，不要惊讶。根据我与各种国家机构工作人员打交道的经验，大多数在那里工作的人都不知道具体的规定是什么。你只需要一直打电话，直到找到了解的那个人。

截至本书撰写时为止，纽约州农业和市场法第5-A条规定，纽约州须有独立的、州政府运行的外来牲畜检验计划。因此，这里的人们可以使用任何有5-A许可证的屠宰场来加工肉兔。这些动物可以在纽约州内的任何地方出售，包括农贸市场、餐馆、杂货店和农场。纽约州的生产商要注意，肉兔没有资格获得纽约州的PL90-492豁免权（通常被称为千只禽类豁免），这是允许农民在没有任何检验许可证的情况下在自己的农场加工上限为 1000 只禽类的法律。因此，从技术上讲，任何农场都不允许在现场加工出售肉兔，除非他们获得了 5-A 许可证[1]。

在我写这本书时，我与几个州的监管机构进行了交谈，试图获得一种最常见的认知。我被州与州之间规则差异的程度所震惊。有几个州的运作方式类似于纽约州的做法，有州立的检验计划。有时，没有自己州立检验计划的较小的州，允许其生产者使用有州立检验计划的邻州的合法屠宰场。

还有一些州，那里的农民被允许在自己的农场加工用于出售的肉兔，而不需要任何类型的检验，但需要他们通过预售的方式将肉兔直接销售给消费者。这意味着：

肉兔必须现场出售，并出售给打算食用它们的人。

在屠宰肉兔之前，必须先付钱。

收到钱后，农民可以选择在现场屠宰动物，本质上是给顾客帮了一个忙。

不得把处理好的肉兔卖给餐馆、杂货店或农贸市场。

如果你打算这样饲养和销售肉兔，要确保有整洁和准确的销售记录，以备卫生或农业部门检查。

有些地方有屠宰和检查肉兔的生产者豁免权。通常，这些豁免权是针对每年饲养不超过 1000 只肉兔的农民，他们被允许在自己所在的州内自行加工肉兔用于出售。偶然我也会遇到允许养兔场进行没有限制也不需检验的现场屠宰的州，但总的来说，这种情况很少见。加工和销售肉类的规则经常变化，所以一定要联系你所在地的州立机构了解最新的信息。

加工经济学

我们的农场在纽约州，所以我们使用一家有 5-A 许可证的屠宰场来加工我们所有的肉兔和家禽。由于在这里很难找到好的屠宰场，我们需要开车一百多千米才能到达那里。我们还要为每只肉兔支付 5 美元，按总价算费用很高。加工费用占了我们这个项目总开支的 25%，如果我们的肉兔不随肉禽一起加工，开支会变得更高，因此我们会在加工更大量的肉禽的同一天加工肉兔。

在开始养兔之前，重要的是要决定你将如何加工肉兔并计算费用。如果你所在的州允许不经过检验就现场加工肉兔，你可以考虑自己加工。肉兔的加工和包装很简单，也不需要任何昂贵的专用设备，如家禽脱毛机或烫毛机。如果能合法地加工自己的肉兔，你将节省很多钱（更多有关如何加工肉兔的内容将在本章后面介绍）。

如果你像我们一样去屠宰场加工，请明确费用、运输时间和距离。如果不那么方便，看看你是否能发挥一下创造力。例如，如果屠宰场太远，不便于你每周送去加工，那就寻找可以接受冷冻产品而不是新鲜兔肉的客户。如果附近的另一个农场与你使用相同的屠宰场来加工家禽，那么看看能不能轮流运输动物。有些州有移动屠宰设备，可能也很适合你。

我们把屠宰和处理日常管理工作的时间安排在一天，以提高效率。我每周三都会去屠宰场，在等待动物加工就绪的时候，我会利用当地的图书馆来处理邮件、记录、订单和其他一些工作。这样，除了可以搭我们肉禽的顺风车，省去肉兔项目的一些间接费用外，还可以增加一些其他方面的薄利。

我们喜欢我们的屠宰场，重要的是你也要喜欢你的屠宰场。毕竟，屠宰场的工作代表着你的事业。如果屠宰工作做得好，你的顾客会认为你也很好。如果屠宰工作做得草率，你的顾客会认为你工作也很草率。所以，如果要选择屠宰场，慢慢来，好好研究。你可以与其他农民交谈，获得推荐信，找找他们工作的样本，然后去见见那些将负责你所有劳动最后一步的人。还需确保你可以找到一个重视动物福利的屠宰场。

一旦找到合适的人，就好好对待他们。提前预约，准时到达，尽量不要取消订单。如果可以的话，偶尔给他们带点咖啡。经营屠宰场是一项艰苦的工作，没有多少人想干。我们必须尽我们所能支持他们。毕竟，没有他们，我们这些养殖者就完不成我们的工作。

如何加工肉兔

和农场中的其他事情一样，屠宰和加工一只肉兔有许多不同的方法。后边的照片显示了我们在 Letterbox 农场使用的方法。

把肉兔放在地上，轻轻地把一根细而结实的棍子放在头骨后面，可以用扫帚柄（我们用的是一根稍微弯曲的钢筋）。

轻轻地站在棍子上，抓住肉兔后腿，做好准备。快速踩下棍子，同时坚决地把兔腿拉直，让颈椎错位，迅速处死肉兔。注意，此时肉兔的神经元仍然活跃，所以它仍会继续跳动几秒。

147

把肉兔倒吊起来，固定住 2 只后脚。

割开喉部，向后倾斜头部并把皮肤拉紧，以便排空血液。快速完成这一步可以防止血液凝固。

用一把锋利的小刀（如削皮刀），环状切开后腿关节处的皮肤。轻轻地把皮和肌肉剥离开。要小心，因为用力拉会把肉从骨头上撕下来。

用你的手指把肛门附近的皮和肉分离开。用刀把皮切下来，切下来的皮呈桶状。一定要环肛门周围切开，这里的毛皮先留在这。

现在你可以很轻松地把兔皮完整无损地剥下来了。轻轻地往下拉，当拉到了头部时，就会看到前腿伸出来了。把前腿从皮里分离出来，直到脚部。在脚部关节处剪断骨头。剪掉头部，将头和皮从胴体上分离下来。

在刀尖所示位置割断后腿之间的骨头，注意不要割到与肛门相连的生殖器官。扭转生殖器官和肛门，把它们移除。

从生殖器下方切开腹部，然后越过肋骨向下切开。

轻轻地取出内脏。

注意不要让膀胱（在这张照片中可以看到充盈的膀胱）或胆囊破裂，胆囊是附在肝脏上的绿色管状器官。

剪掉后脚。

现在肉兔已经屠宰干净了，把兔肉放在冰水桶里冷却。在水中加入大量的盐，这不是必要的，但这样做有助于去除残留的血液。

兔肉分级

在美国，肉类分级主要针对分销商出售的牛肉、猪肉和禽肉，而小型的、直接面对消费者的农场用得不多。美国农业部关于肉兔的分级指南是存在的，然而，对你来说，对兔肉进行分级是不可能的，但知道这些标准是有用的。否则，你怎么知道你的肉兔是否符合标准？

肉兔胴体可以分为 A、B 或 C 3 个等级。就像牛肉、猪肉和鸡肉一样，A 级表示质量最好。为了得到一个 A 级的合格章，肉兔必须非常干净，没有任何因排血不完全引起的血液凝结迹象。在冷却过程中将胴体浸泡在盐水中有助于达到这一点。肉兔也应该是没有瑕疵和淤伤的。因为死亡并放了血的肉兔不会再出现淤伤（因为没有血），所以为了防止淤伤出现，在屠宰之前温柔和小心地对待肉兔是必要的。A 级肉兔不应该有任何断骨，除了剪断脚的地方，并且应该没有任何的毛发、骨头碎片和污垢。

当给肉兔分级时，寻找肾脏周围、生殖器周围及皮下是否有适量的脂肪。肉兔应该有一个宽阔的背部、宽的臀部和深厚紧实的肩颈部。瘦的、脂肪少的、身体细长的、带血的、有淤伤或断骨多的肉兔会根据严重程度被划分到 B 级或 C 级。

包装

如果你有一台真空封口机，可以用它来包装整只肉兔或分割出的部分肉兔。如果没有，我建议使用家禽热收缩袋，当把它浸入热水中时，可以排出袋中所有的空气，并压缩里面的肉。家禽热收缩袋使用起来非常容易，可以从网上买到。

虽然关于屠宰后兔肉能保鲜多久没有明确的规定，但我的屠宰场建议在烹饪前最长保鲜 10 天，冷冻前最长保鲜 7 天。为了保鲜，兔肉需要进行适当的包装，并一直保存在 4℃或 4℃以下。肉兔在 –4～–1℃的温度范围内会保持更长时间的结晶状态，而不会真的冻结。适当包装的冷冻兔肉可以无限期保存，但是在 1 年后质量会开始下降。

与更为常见的牲畜如牛、猪和羊（它们的驯化历史非常悠久，可以追溯到穴居时代）相比，家兔的驯养历史非常短。直到中世纪，欧洲人才开始交易第一批驯养的肉兔[2]。也是在这段时间里，这种新的蛋白质来源在法国、西班牙和意大利的餐桌上找到了自己的位置[3]。到目前为止，这些国家人均兔肉食用量仍然高于世界上其他大多数地方[4]。

另一方面，美国人食用兔肉的习惯并不是很稳定。大约在20世纪初，兔肉在美国被广泛消费[5]，这一时期，兔肉作为一种低档肉类而闻名，通常是被那些没有公民权的人们食用，如新移民和农村的穷人。在第二次世界大战期间，兔肉消费量普遍上升，当时大部分的牛肉被运往海外以供应军队。在美国农业部的有效激励下，成千上万的庭院养兔场被建立起来，以填补新的食品空白，来自各行各业的美国人吃着新的白肉[6]。兔肉食谱首次登上了流行杂志。战争时期《美食家》（Gourmet）杂志的撰稿人甚至编出了押韵的语句来指导读者转变饮食习惯："虽然生活不是我们习惯的样子，但今年我们吃的是复活节兔子[7]。"

战争结束后，牛肉再次变得唾手可得，兔肉失去了它在美国餐桌上的位置，回到了默默无闻的境地——大约每10年才会回来一次。20世纪60年代，朱莉亚·查尔德（Julia Child）使兔肉回归流行，这无疑要感谢她在法国厨房里度过的时光[8]。1985年，《洛杉矶时报》（Los Angeles Times）以"兔肉复兴"为题，预测兔肉会重新兴起[9]。《华盛顿邮报》（Washington Post）和《纽约时报》（New York Times）等报纸每隔几年就会发表文章，介绍兔肉的流行情况。但今天兔肉仍然很难找到。也许问题在于，在受欢迎程度飙升的时候，没有足够的生产商来满足需求。

第十一章
肉兔的市场需求与销售

有一种成见认为农民一般脾气不好、不爱交际，他们与别人顺利交流的时间甚至都不够卖出自己种的马铃薯。我不知道这种成见从哪里来，也不知道它存在了多久，但如果它真的有什么道理，我会毫不犹豫地告诉你，它肯定不适用于我。与客户建立联系是我在工作中最喜欢的部分。我喜欢早早起来去农贸市场看一整天摊子，甚至下班后在我们的CSA运输小货车周围闲逛，这只是为了好玩。所以在市场上我通常起带头作用。然而，如果你是那种促使人们产生这种成见的农民，或者你刚好是市场营销方面的新手，这一章为你提供了一些关于销售的小窍门和技巧。

价格

因为肉兔在美国的商业生产有限，所以不管如何饲养肉兔、在哪里饲养，兔肉的零售价格都很高。与我们农场生产的鸡肉、鸡蛋和猪肉形成鲜明对比的是，我们兔肉的售价几乎与食品杂货店里的商品价格一样。很多时候，我们农场的兔肉售价甚至更便宜。这不是因为我们要得太少，这是因为兔肉非常少见，而且市场上根本没

市场里的 Letterbox 农场的摊位。尼基·卡兰格洛供图

有稳定的、廉价的货源。因此，即使是生产成本很低的大型工厂化农场也能卖出较高的价格，并且他们也这样做了。在我们当地，兔肉的零售价格为每千克 15~34 美元，并且通常只有在专卖店或肉店的特殊订单中可以买到。在线上，美国国产兔肉与进口兔肉的价格一样，甚至更高，一些零售商的售价高达每千克 44 美元。

　　我们在金属笼 – 放牧混合系统中饲养肉兔，因为我们相信它在动物福利方面做得更好。然而，根据我们的经验，采用这种模式饲养的肉兔通常不会比传统笼养肉兔获得更高的价格。随着兔肉变得越来越普遍，这可能会有所改变，但今天我们依然采用金属笼 – 放牧混合系统饲养肉兔是因为它对我们的动物和我们的社区更好，而不是因为有任何经济方面的激励。值得庆幸的是，因为在大多数美国市场上所有兔肉都有一个很好的价格，所以像我

包装好准备出售的兔肉

们这样人道地饲养肉兔仍然可以赚钱，虽然赚的钱比不上工厂化农场赚到的钱多。

常见的标签术语

代理商和潜在顾客可能会问你有什么样的兔肉出售。了解和使用通用的标签术语可以帮助你准确地提供他们需要的东西。

仔兔或青年兔。通常指体重在 0.7~1.6 千克的肉兔。这样的肉兔一般小于 12 周龄，但在我们农场，1 只 1.6 千克重的肉兔需要饲养长达 16 周的时间。这种兔的肉很嫩，肌肉纹理很细且呈珍珠粉色。它几乎适用所有标准鸡肉的烹制方法。

公兔或成年兔。通常指胴体重超过 1.8 千克且年龄在 8 月龄以上的成年兔。公兔的肉比青年兔更紧实，纹理更粗糙，肉色也往往更深，不那么嫩。它们最好用炖或煮的方法处理。

内脏。通常指肉兔的肝脏、心脏和肾脏，可以清炒或油煎，用于制作肉冻和肉酱。

带头兔肉。指加工时带头的兔肉。由于更传统的乡村烹饪方法的重新回归，许多餐馆都在寻找这样的兔肉。

销售给餐馆的小技巧

如果你是销售新手，联系潜在顾客可能会让你很紧张。我还记得我第一次给一家餐馆打电话，仍像发生在昨天一样。我正尝试着卖出当时我们庭院小兔场里的肉兔，但我不知道我要做什么。我在网上查找了方圆 20 英里（32 千米）范围内的所有餐馆，并花了很长时间查看每个餐馆的菜单，试图猜出哪一家餐馆会在菜单上使用一些兔肉。最后我选定了一家法国小酒馆。当时我并不知道在法国餐桌上兔肉是如此常见，我只是觉得一个烹饪蜗牛的厨师肯定不会关注兔肉。接下来我拨了电话号码，然后餐馆老板娘接了起来。她一说完"我能帮你做什么吗？"我就惊慌失措地挂断了电话。几小时后，我又打了一次，这一次我没有挂断，而是说了一句："我的名字叫尼基……我有一些……兔肉……出售。"餐馆老板娘显然很生气，提醒我现在是下午 6:00，厨师正忙于晚餐服务，问我能改天再打电话吗。我觉得我自己很蠢。

幸运的是，在那之后我打的每一个电话都变得更容易了一些，每一次，我的语言都在变得更清晰、更简洁。我越快做到这一点，我就越有可能做成一笔交易。我依然不是最擅长与餐馆客户打交道的那个人，现在在我们农场，我的商业伙伴费丝担任了这一角色。在开始农业工作之前，她在厨房工作了几年，所以她能很好地判断出厨师想听到的东西，而且同样重要的是，她知道他们什么时候愿意听。以下是她多年来与我分享的一些技巧。

做好调查

不是每家餐馆都适合你的农场。在出手之前，你最好做一个小调查。兔肉在它的菜单上吗？或者甚至被列为特供菜肴吗？如果没有，兔肉有可能作为一种新的菜肴添加进去吗？寻找那些宣传从农场到餐桌的餐馆，或供应其他类型野味如鹌鹑或野鸡的餐馆。这些地方的厨师可能对兔肉感兴趣。

另外，寻找那些与你自己的生产规模相符合的餐馆。对于小农场来说，拥有固定菜单的高营业额餐馆往往是最难合作的。它们一年中每周都可能需要大量完全相同的产品。这对于一个经验丰富的肉兔生产者来说是很好的，因为他们知道他们一年下来每周能供应多少相同大小的肉兔，但对于那些可能产品质量不稳定和产品供应不足的新农场来说，这并不是理想的选择。

根据我们的经验，与拥有季节性菜单并且自己经营餐馆的厨师合作通常是最合适的。这样的厨师团队习惯于不断开发新菜肴，并且更容易适应产品供应水平的变化。

打电话或拜访的合适时间。在供应午餐的餐厅，厨师通常在上午10：00左右上班，为午餐做准备。上午10：00~11：00是一个打电话的好机会，但在午餐和晚餐之间的时间打电话更好。当你离餐馆比较近的时候，在下午2：00~5：00打电话或拜访，此时是与厨师交流的最佳机会。如果可能的话，试着提前安排一次见面，向厨师

保证你不会耽误他们很多时间。

携带样品。所有的好厨师都喜欢高质量的食材。吸引他们注意力的最好方法是给他们带来一些优质的产品样品。带着一只处理好的、优质的、完整的新鲜肉兔一起拜访肯定会让他们更心动。

带着联系方式。虽然我经常忘记遵守这条规则，但如果没有名片，就不可能抓住机会，特别是当你来自一家没有名气的新企业时。没有联系方式，对你的产品感兴趣的人会很容易忘记你的名字或不知道如何才能找到你。

准备好订购信息。在与餐馆合作时，我们发现最好的做法是快速和直击重点。费丝在进入一个新的餐厅时，会准备一张塑封的实用信息表，其中包括有什么产品和可以在什么时候提供的明确信息。这张信息表还包含订购说明、我们的交货时间表和开发票的流程。把这张纸交给合适的人，可以确保即使会面时间缩短了，餐馆也可以得到所有相关信息。塑封这张纸，使其可以在厨房里被随意放置，而不会像普通的纸张那样因被油脂和洒出的液体弄脏而进入垃圾桶。

开放的沟通渠道。打电话或拜访后，一定要继续跟进。餐馆是工作压力很大且很繁忙的地方，你的会面很容易在繁忙中被忘记。发送一封电子邮件感谢他们给予的关注是一个用来提醒他们你是谁、你有什么产品，以及如何联系下订单的很好的方式。越来越多的厨师选择通过短信与我们联系，因为它快速和便捷，所以一定要提供电话号码，以便他们可以联系到你。

使订购变得更容易。餐馆有越来越多的途径来获得高质量的新鲜农场食品。销售它们的农民应该让这些农场食品订购起来更容易。至关重要的是要有一个明确的订购程序，并迅速答复订单和询问。虽然一些厨师能够理解农民的一天是多么的繁忙，但许多人不知道或者同样很忙，如果他们不能很快收到回复，他们就会选择从其他地方订购。

按时足额交货。这很简单，但很重要，我会再说一遍：按时足额交货。如果不能，一定要尽快与餐馆有关人员沟通，这样他们就有时间在供餐前进行调整。

怎么应对人们反对吃兔肉的观念

早在 2014 年，全食超市第一次在它的产品列表里增加了兔肉 [1]。在宣布这一决定之前，全食超市开展了"全食市场兔肉标准开发工序"的检查，要求为它供货的所有兔肉生产者都要满足严格和广泛的动物福利标准，在我看来，这是相当令人印象深刻的 [2]。

尽管全食超市承诺只与最人道的生产者合作，但在一些地方仍然爆发了小规模但具有影响力的抗议活动 [3]。很明显：许多美国人还没有准备好吃复活节兔子，所以他们就大声喊出来了。第二年，全食超市把兔肉从商店里撤掉，从那以后兔肉再也没有出现在它的产品列表中。

我不想你因为听到这个逸事而得出兔肉没有市场的结论。显然是有的；否则，全食超市不会把它添加到产品列表中，这不是大公司的轻率决定。相反，我分享这个故事是为了强调许多美国人与兔子的情感渊源。如果你饲养用于食用的肉兔，你肯定会遇到一些有这种情感渊源的人。

虽然肉兔最初是为了提供肉类而被驯养的，但在 18 世纪的某个时期，人们开始繁殖更大、更可爱的兔品种作为家庭宠物 [4]。此后不久，工业化进程让许多农村家庭带着兔子一起搬到了城市 [5]。在这样的城市环境中，把兔子从院子里带到屋子里变得越来越普遍。

鉴于这一历史背景，我们可以推测，也许肉兔能够唤起对过去乡村生活的美好记忆，从而巩固了兔子在我们念旧的心中的地位。

不久后，兔子与婴儿和小孩之间的联系开始加强，出现了像《彼得兔的故事》这样的绘本，兔子变成了卡通小兔的形象。对许多人来说，这种对兔子的浪漫态度延续了下来。到 21 世纪初，超过 200 万的美国家庭拥有宠物兔[6]。在我看来，正是它们作为伴侣动物的地位使一些人因为食用兔肉而感到不舒服，而不是因为它们"可爱"。毕竟，你见过小猪吗？或是一只羔羊？它们都很可爱，但大多数人对吃它们没有任何疑虑。

所以，虽然我不想让你害怕，但我确实希望你能为偶尔的"你怎么能吃兔肉？"做好准备，我相信你会遇到的。当它发生时，保持冷静，记住人类对兔子的情感有其真实的历史背景。只是你不要因此而感到自己的工作很糟糕。虽然有些人真的很不讲道理，但我发现更常见的是，礼貌和文明的谈话会让人敞开心扉。我发现保卫我引以为傲的工作非常容易，我也为我们饲养动物的方式感到自豪。

第十二章
肉兔可持续生产的经济效益

在下面的篇幅中，我将介绍小规模养兔场的经济效益，这样即使农业不是最有利可图的工作，仍可以确保你在拥有全部信息的情况下获得回报。但是，首先你要有一些普通的农场经济学知识。

不久前，我和某人聊天，他告诉我他想买块土地办农场。5 年前我可能会认为他是竞争对手，但现在我更关心的是不可逆的破坏性发展造成的农业土地的迅速减少，所以我凑过去，急于劝说他快点干。

"所以你在考虑换个职业？这太令人兴奋了！"我说。但他的回答让我措手不及："不，我只想兼职种植一些容易种的东西，像大蒜。"当然，大蒜与其他作物相比是易于维护的，但我绝对不会说它容易。这个人真的知道他自己要做什么吗？

我问了一个明确的问题："你想这样做是作为一种爱好还是为了赚钱？"我的询问是认真的。有很多很好的理由来经营一个业余农场，即使它在经济上是不可行的，我猜他肯定是这样想的。但令我惊讶的是，他只是为了钱才考虑办农场的。"我只想每年净赚 6 万美元，以添补我目前的工作收入。"

当他真诚地询问我对他新事业的潜在风险的看法时，我有 2 个选择：我可以打破他的美梦，也可以撒谎。我从来没有对美国农业的复杂状况撒过谎，我说了实话："我讨厌成为一个坏蛋，但你应该知道——农场里没有容易赚的钱。"相信我，我一直在寻找它，我的商业伙伴也一直在找。事实上，我认识的每个农民都在寻找它。这很糟糕，但我不得不告诉他：在任何农场上净赚 6 万美元都是相当困难的。一家没有经验，作为副业运作的新农场？不可能。古老的格言是有道理的："想从农业中得到 100 万美元吗？这很简单，从 200 万美元开始。"

农业非常容易赔钱，尤其当你不准备付出经营农场所需的努力或关注时。这并不是说不能以务农为生。我是农民，我的团队是农民，全世界有很多人也是农民。相反，重要的是要意识到，在农业中实现真正的利润需要大量的精力、努力和专注。今天，这个职业最适合那些喜欢整天工作到身体疲惫的人。它是一项适合研究者、问题解决者和风险承担者的工作。

我妈妈总是告诉我："做你喜欢做的事，钱就会随之而来。"事实证明，她的话在我身上是错的，但没关系。我们在农场上肯定赚不到多少钱，但我们所做的事情使我们赚到了诚实，并且我们的工作有意义。我们得到了我们需要的，甚至还有一些额外的。此外，那些我们农场不善于提供的东西，如金钱，它可以以其他方式获得。我们健康、自主，而且吃得很好，我们还拥有一个价值百万美元的卡茨基尔山脉的山景。尽管如此，我真诚地希望，有一天农业工人因为他们的辛勤工作会得到更公平的报酬。

肉兔养殖企业的经济效益取决于初始投资、运营费用、繁殖程序、销售额、市场选择和间接费用。我将用我们记录的实际数据来解释这些成本中的每一个。尽管我们的农场没有什么特别不寻常的地方，但每一家企业都是不同的，不同地区的价格也不一样。你需要对这些数字进行调整，以适应自己的情况。

初期投资

初期投资包括在所有企业启动阶段需要一次性购买的所有设备。饲养像肉兔这样的小牲畜最好的一点是，它们需要相对较少的初期投资，其中包括轻型和便携式基础设施。假设你有一个像谷仓、棚子、车库或温室这样的建筑来容纳兔群，下面的部分描述了开始时你所需要的一切。

房舍和附件

在我们的系统中，这一部分包括所有的笼子、放牧围栏、喂料器和饮水器。我们购买这些设备的实际成本见表12-1。

表 12-1　设备成本

项目	单位	成本 / 美元
金属兔笼	个	33.00
喂料器	个	5.00
塑料管	每 30 厘米	0.25
乳头饮水器附件	个	0.75
20 升水桶	个	5.00
放牧围栏	个	300.00

种畜

种畜的预算包括预计饲养的母兔数量加上最少 2 只公兔。如果遵循我们的模式，每增加 4 只母兔将可以减少每只母兔的花费，因为每个饲养单元 1 次可以容纳 4 窝仔兔。我们总是试图满负载运营我们的畜禽项目——花同样的钱更划算。

在我们那里，买 1 只繁殖母兔需要 20~40 美元，这取决于母兔的来源。一些种兔的价格超过每只 60 美元，但这些通常是展示级的动物，这对肉用兔的生产来说是不必要的。由于表 12-2 中的许多项目适用于多只母兔，因此用每只母兔的花费进行计算是很有帮助的。如果你正在满负载使用资源，并且你所在地区的价格情况类似于我们的价格，设备成本应该类似于表 12-2 的数据。

表 12-2 每只母兔的设备成本

项目	成本 / 美元
仔兔保育金属笼（91 厘米 ×76 厘米 ×46 厘米）	33.00
喂料器（可装 1.9 千克饲料）	5.00
塑料管	0.50
乳头饮水器附件	0.75
20 升水桶（每 10 只 1 个）	0.50
放牧围栏（每 4 只 1 个）	75.00
繁殖母兔	30.00
合计	144.75[①]

① 为了简化下一步的计算，我把总数四舍五入为 145 美元。

固定成本

无论经营规模有多大，一个新的兔场也会有保持不变的固定成本。这些固定成本至少包括一辆手推车、几个桶、几个运输板条箱、一把铲子、用于清洁笼子的钢丝刷、一把用来组装金属笼的 J 型夹钳、一些清洁用品和一个小型肉兔健康工具箱。

利用表 12-3 中的数据，我们现在可以使用下面的公式来估计不同规模的养兔场的初期投资：

$$母兔的数量 \times 145 \, 美元 / 只 + 400 \, 美元$$

表 12-3　固定成本

项目	成本 / 美元
其他用品	220
2 只繁殖公兔	60
2 个运输箱	120
合计	400

表 12-4 显示了不同经营规模的初期投资费用。记住，我们喜欢每次增加 4 只母兔。

表 12-4　根据规模计算出的初期投资

母兔数量 / 只	初期投资 / 美元
8	1560
16	2720
28	4460
40	6200

运营费用

运营费用包括在初期投资后的所有与产品生产相关的费用。这些费用将根据生产情况发生变化，包括饲料、进出屠宰场的运输、加工、劳动力和设备折旧的费用。

设备折旧费用是以设备的总成本除以需要更换之前使用的年数。我们的养兔场以 10 年作为设备的更换期限，因此我们的年度设备折旧的费用如表 12-5 列出的那样。

表 12-5　年度设备折旧费用模板

母兔数量 / 只	初期投资 / 美元	每年成本 / 美元
8	1560	156
16	2720	272
28	4460	446
40	6200	620

既然我们有了设备折旧费用，我们就可以把运营预算合在一起计算了。要估计每年的饲料成本，可以使用第八章中的公式：

474.5 千克 / 只 × 饲料价格 × 母兔的数量

表 12-6 中的运营费用预算模板是一个拥有 28 只母兔的养兔场的预算，该场每年生产约 1000 只仔兔。这个表中使用的价格是我们农场的实际价格，需要根据你自己的情况进行调整。

表 12-6　运营费用预算模板

项目	条件	成本 / 美元
饲料	0.42 美元 / 千克	5580
运输	（990 美元 /3700）×1000[1]	268
加工	5 美元 ×1000 只肉兔	5000

（续）

项目	条件	成本 / 美元
劳动力	每年 300 小时，每小时 12 美元	3600
设备折旧	4460 美元 /10 年	446
运营花费总计		14894

① 这里的数字代表（总费用 / 屠宰的动物总数）× 肉兔的总数。

为了计算劳动力成本，我们假设每天花 30 分钟用于杂务上，加上每周额外的 2 小时在其他任务上，如繁殖、装车和定期维护。这样每年合计 286 小时，但为了更好地计算，我将它列为 300 小时。因为我们把肉兔和肉禽一起运去屠宰场，没有增加额外的加工时间，所以你的劳动力成本可能会有所不同。

繁殖程序

表 12–6 的数据是根据假设每只母兔产后 28 天定期配种并且每年生产 36 只仔兔计算的。在这里我复制了第六章的繁殖程序表，以提示你不同的繁殖程序对一个兔群的生产力影响有多大（表 12–7）。就像繁殖程序会影响总销售额一样，它也会影响成本，所以再次提醒，根据具体计划调整预算。

表 12–7　繁殖程序及其影响模板

产仔后天数 / 天	每年产窝数 / 胎	每年产仔数 / 只	每年每只母兔总收入 / 美元
42	5	30	750
35	5.5	33	825
28	6	36	900
21	7	42	1050
14	8	48	1200

销售额

现在我们已经介绍完了怎样计算生产成本，该估算销售额了。在估算的时候，先想想肉兔准备售往哪里，然后明智地设定价格。每磅 0.5 美元（1 磅≈ 0.45 千克）的差价对于个人消费者来说影响是相当小的，但在规模企业的预算中会有很大的差异。还是以我们有 28 只母兔的养兔场为例，我创建了表 12–8 来说明 1 年会产生什么样的差异。我们倾向于把 3/4 的肉兔用于批发，这个表也反映了这种做法。我使用的肉兔的平均体重为 3.25 磅（约 1.5 千克）。在 Letterbox 农场，我们已经确定了批发价为每磅 8 美元，零售价为每磅 9 美元。

表 12–8　按照每千克价格计算的总收入

批发价格（750 只肉兔）/ （美元 / 磅）	零售价格（250 只肉兔）/ （美元 / 磅）	总收入 / 美元
7.50	8.50	25188
8.00	9.00	26812
8.25	9.50	27828
8.50	9.75	28641

市场选择

有时，市场决定了肉兔批发和零售的百分比。这对我们的农场是相当正确的，但如果有条件，对于选择在哪里销售，你要做出明智的决定。

表 12–9 使用我们确定的批发价格（每磅 8 美元）和零售价格

（每磅 9 美元）来设置条件。在 Letterbox 农场，我们选择将肉兔的 75% 用于批发，25% 用于零售。

表 12-9　不同批发与零售比例的可能收入

批发（%）	零售（%）	总收入 / 美元
100	0	26000
75	25	26812
50	50	27625
25	75	28438
0	100	29250

综合计算

要估算每年的净利润，可以使用这个简单的公式：净利润 = 收入 – 支出。请记住我们为这些计算设定的前提（其中有很多）：

养兔场有 28 只母兔

繁殖周期为 28 天

每只母兔每年生产 36 只仔兔，或总计约 1000 只仔兔

平均胴体重为 3.25 磅（约 1.5 千克）

每磅批发价为 8 美元，零售价为 9 美元

75% 的产品用于批发和 25% 的产品用于零售

根据计算，我们已经确定，在这种情况下每只仔兔的平均价格是 26.81 美元。记住，这个数字是用批发和零售兔肉的综合收入除以肉兔的总数得到的结果。考虑到这一点，我们可以估计总收入如下：

总收入 =1000 只 × 26.81 美元 / 只 =26810 美元

根据我们前面的计算，我们的运营费用是 14894 美元。最后，我们准备把这些部分合并起来，得到我们可能的净利润：

净利润 =26810 美元 –14894 美元 =11916 美元

用我们的总支出除以我们生产的肉兔总数，得到每只肉兔的成本：

14894 美元 /1000 只 =14.89 美元 / 只

这个数字也被称为盈亏平衡点。每只肉兔都要卖到 14.89 美元以上才有盈利。

用我们的净利润除以肉兔的总数就得到每只肉兔的利润：

11916 美元 /1000 只 =11.92 美元 / 只

要确定总利润率，请使用公式：总利润率 =（收入 – 支出)/收入。在本案例中：

（26810 美元 –14894 美元）/26810 美元 =0.44

利润率用百分数表示，所以我们的利润率是 44%。

我们写这本书的那一年的利润率实际上是 47%（比较一下，在我们农场，肉禽的利润率是 31%，蛋鸡的利润率是 46%，猪的利润率只有可怜的 20%）。鉴于这个项目的规模，肉兔只占我们年收入的一小部分。然而，如果我们的客户能支持我们继续增产，肉兔将是我们最有利可图的养殖项目。

风险调整

所有之前的计算都是假设你的兔场满负荷运行，在生产中只出现一些小插曲。然而，作为一个没经验的新手，你在运营中很可能会遇到一些问题。以下提供了一个更为保守的调整账目，同样是饲养 1000 只肉兔，生产支出也相同，但假设最终产品的 20%（200只肉兔）没有销售出去。

$$总收入 =800 只 × 26.81 美元 / 只 =21448 美元$$

$$总运营支出 =1000 只 × 14.89 美元 / 只 =14890 美元$$

$$净利润 = 总收入 - 总运营支出 =6558 美元$$

记住，如果你遇到的是生产问题，而不是销售问题，数字会不同。例如，如果母兔很难受孕，或者你发现种畜的不良母性行为导致活仔数较少，总收入可能就会下降。并且，这意味着一些生产成本如饲料和加工费用也会下降。

除了拥有比其他畜禽更高的利润率外，养兔也是一种低风险投资。即使你在建立生产技术和市场的开始阶段不太顺利，在一个养殖季内达到收支平衡也并不是很困难。为了说明这一点，让我们来看一个模拟情景：

你投资了一个有 12 只母兔和 2 只公兔的兔群。繁殖困难导致 1 年中每只母兔少繁殖 2 窝仔兔。不良的种畜意味着母兔产仔数较少，每年只产 25 只活仔（年产活仔共 300 只，编者注）。

然后，这 300 只肉兔被饲养和加工，但销售速度比预期的要慢，并且有 50 只肉兔没有售出。有价值超过 1000 美元的库存放在冷库里。

表 12–10 显示了这样一个兔群的理论预算。

表 12–10　理论预算

初期投资	**2140 美元（每只母兔 145 美元，固定成本共 400 美元）**
运营费用	4470 美元 [包括饲料、加工、运输、折旧和劳动力（全年以每天工作 30 分钟，每小时 12 美元计）]
总支出	6610 美元（除了劳动力支出以外 4420 美元）
收入	6702 美元（250 只肉兔 ×26.81 美元 / 只）
利润	92 美元（收入 – 总支出）

即使在这种情况下，你的初期投资也可以在 1 年内收回。同时，你可以因为自己付出的劳动得到 2190 美元的回报，企业基本上达到收支平衡。此外，你和你的朋友还可以吃到 50 只肉兔，在这 1 年内大约每周 1 只——一个令人快乐的小亮点。

综合实例分析

增加肉兔作为我们牲畜和蔬菜综合农场的一部分，几乎没有改变我们的间接费用。我们已经支付了网站、营销、冷藏、运输（运往屠宰场）、保险费用——除了肉兔专用设备和劳动力之外，我们生产和销售肉兔所需要的一切费用。我们本来就在全年饲养牲畜，所以在所需的劳动力方面变化很小。因此，即使以很小的规模生产兔肉对我们来说也是有利可图的。

但是，以肉兔作为唯一的产品来建立一个有利可图的企业则会有很大的不同。表 12–11 列出的并不全面，但它简要地说明了运营一个成功的只以肉兔作为唯一产品的业务的最低成本可能是什么样子的。为了设定条件，我根据我们在哈德逊山谷的数据进行计算。

表 12-11　一个成功养兔场的理论商业成本预算

项目	费用	年度总计
租金	每月 250 美元	3000 美元
水电费	每月 150 美元	1800 美元
市场费	每周 190 美元，以 28 周计，包括摊位费、汽油费、税金、人工费	5320 美元
网络托管费	每年 200 美元	200 美元
保险费	每年 1000 美元	1000 美元
冷藏费	每月 50 美元	600 美元
城市配送费	每周 100 美元	5200 美元
养殖者工资	每年 30000 美元	30000 美元
兼职工资	每年 10000 美元	10000 美元
	间接费用合计	57120 美元
运营费用		71520 美元
	总计	128640 美元

根据表 12-11 中的数据进行估算，要达到收支平衡一个养殖者每年需要有效地生产和销售 4800 只肉兔，每只的平均价格为 26.81 美元。这并非不可能，但非常具有挑战性，以这种价格为这么多的兔肉寻找市场可能也很困难。如果你没有这么大的市场，可以考虑

开创几个规模较小的多样化的项目。你可以通过增加产品种类，把有互补性的多样化产品销售给小群体的顾客。

把饲养肉兔作为一种业余爱好

有很多理由可以把饲养肉兔作为一种爱好，如果你经常吃兔肉，它甚至可以给你省钱。在我们的农场里，每只肉兔的成本不到15美元。如果是自己屠宰，大约每只成本为10美元，这比从商店里购买要便宜得多。再加上减少碳排放量、改良土壤、保护传统文化的好处，你将得到一个成功的组合。

第十三章
兔肉的食用方法

我们在农贸市场用一个装满冰的餐馆级绝缘容器展示各种肉类。整只的鸡和猪排都很诱人，人们只要看到它，不用询问就会购买很多。通常每个市场都会有人拿起新鲜的兔肉，我甚至可以看到他们是心动的。根据几年的经验，我知道他们可能正在问自己这3个问题：

① 这周我有时间做兔肉吗？

② 我的孩子或爱人会被兔肉吓坏吗？

③ 我怎么把这东西切开？

为了安抚他们对问题三的焦虑，我首先问他们是否知道如何分割一只鸡。如果答案是肯定的，我说，太好了！那你绝对可以分割一只肉兔。如果他们说不，我的后续问题是：你有一把锋利的刀吗？

如何分割兔肉

下列图片展示了如何一步一步地分割兔肉。你会发现这个过程很简单，而且类似于分割一只鸡。

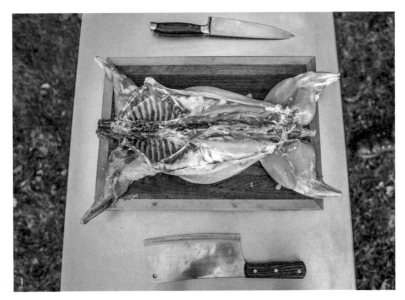

要分割肉兔，首先要有一把锋利的刀——理想的是一把切肉刀。

立起肉兔，用刀尖切开胸骨。

把肋骨向背部两侧分开。

再次用刀尖在关节处切下后腿。

用同样的方法切下前腿。

用刀切断肋骨后面的脊骨，并且把肋骨和腰肉分开。

将腰肉从脊骨上切下来。

当分割完成后，会有8块肉，外加脊骨和颈骨。

烹调肉兔

兔肉在厨房里的烹调方法是非常多样的。只要做一些小的调整，你基本上可以用制作鸡肉的所有方法来烹调兔肉：烤、煎、煨、铁板扒、炖、红烧、手撕等。拉斯洛和我还在婚礼上吃过脱脂乳炸肉兔。

世界上大多数文化都有自己烹饪兔肉的方法，如果你喜欢在外面吃饭，你可能在菜单上看到过，但是你没有意识到那就是兔肉。用香草烘烤，与番茄、蘑菇和其他调味品一起烹制，用酱油煮，或者用塔吉锅炖煮——都很美味，只需要记住以下3个小技巧：

① 仔兔或胴体重不到1.6千克的青年兔，是最甜、最嫩的。它们几乎可以成功地用所有方法烹制。

② 老一点的肉兔、较大的肉兔更适合烧或炖。它们的肉比仔兔的更紧，所以它们应该慢慢煮熟——要么红烧，要么清炖。烤不是很适合这种肉兔。

③ 安全起见，美国农业部建议烹饪时兔肉内部温度至少要达到71℃。

这些是基础的烹调方法，还有一些很疯狂的制作方法。如果你需要一点帮助，这里有我最喜欢的2个食谱。

炖兔肉（4人份）

这个食谱来自农尼，我们这样称呼我的曾祖母玛丽亚·卡兰格洛（Maria Carlotto）。这是她和我曾祖父为一大群朋友举办的一年一度的游戏晚宴上的最爱。兔肉和鹿肉、鹌鹑肉、野鸡肉、家养鸡肉，甚至松鼠肉一起吃。巨大的盘子使得20多位客人在度过了一

个漫长的美食、红酒和讲故事的夜晚后，都吃撑了才回家去，或如俗语所说"撑得像个鸡蛋"。

1 盎司（28 克）干牛肝菌

1 只屠宰好的重 1.4~1.8 千克的肉兔，切块

用盐和胡椒粉调味

3 汤匙面粉

2 汤匙橄榄油

4 汤匙黄油

3 根大葱或 1 个中等大小的洋葱

1 根胡萝卜，切碎

2 根芹菜，连叶子一起切碎

1 杯（235 毫升）白葡萄酒

1~2 杯（235~470 毫升）浸泡蘑菇的水

3 杯（700 毫升）鸡汤

1 枝（15 厘米）新鲜的迷迭香

4 瓣大蒜

2 汤匙切碎的新鲜香芹

首先，用2杯（470毫升）热水浸泡干牛肝菌。取出浸泡好的牛肝菌并挤出水分，将泡牛肝菌的水用咖啡过滤器过滤，备用。

给兔肉撒上盐，在室温下放置 30 分钟。同时，将浸泡好的牛肝菌切丁，并用胡椒调味。在兔肉上轻轻地裹一层面粉。把油和黄油放在一个大锅里加热，然后把兔肉块每一面都煎成棕色。把兔肉捞出，放在一边备用。

将葱、胡萝卜和芹菜放入锅中加热 2~3 分钟，至半透明状。加入白葡萄酒，用木勺刮掉平底锅底部所有棕色残渣。倒掉一半的酒，

然后将浸泡牛肝菌的水和鸡汤加入锅中并搅拌均匀。

把迷迭香、大蒜、牛肝菌和兔肉都放入锅中，用小火炖 90 分钟。肉可以离骨时就说明炖好了。用香芹装饰，然后把它放在玉米粥或硬面包上上桌。

兔肉酱（3~4 罐，每罐 235 毫升）

这个食谱来自杰夫·卢茨（Geoff Lutz），他是我们的老朋友，并且是一个英俊的屠夫，在这一章前面的图片里出现过。他经常把这些美味的涂抹酱称为熟肉酱，并带到我们的朋友聚会上，每个人都很喜欢。这是在令人愉快的美食招待前的一个美味开胃菜，更是一个为持有怀疑态度的人介绍兔肉的美味世界的好方法。

（主厨杰夫的一个小提示：焦洋葱可以代替韭葱，胡椒可以代替青胡椒，尽管它不会带来原始食谱的那种香气！）

1 只屠宰好的重 1.4~1.8 千克的肉兔

1 个中等大小的洋葱，切成 4 块

5 片香叶

4 勺澄清黄油

3 棵韭葱，浅绿色和白色的部分切成环状

1 勺盐

2 勺糖

1 罐（110 毫升）青胡椒

新鲜香芹，切碎

把兔肉、洋葱和香叶放在平底锅里，加入 2.5 厘米深的水。先用中大火煮，直到开始出现气泡，然后改成小火，保持微沸状态炖

煮，直到肉与骨头完全分离，这大概要4~6小时。待兔肉被煮熟后，转移到另一个碗里放凉，直到它足够凉后开始处理。同时，将汤汁用粗棉布过滤后转移回平底锅中用小火加热。从骨头中把肉挑出来，并将骨头放到汤汁中。

慢慢地焦化韭葱。要做到这一点，可以把黄油加到平底锅中，用中小火加热至熔化。把韭葱、盐和糖加到锅里，从中小火到小火慢慢加热，不断搅拌以防止烧糊，直到它变软并变为金黄色（需30~45分钟）。韭葱做好后，从锅中取出备用。从汤汁中捞出骨头，现在这应该是一锅营养丰富的高汤了。如果有残渣留下，请使用粗棉布再次过滤。用食品加工机将肉搅成肉泥，每次加入1/4杯（60毫升）高汤以保持其湿润。

把剩下的高汤煮沸，蒸发掉2/3的水分或直到浓缩到可以涂在勺子的背面。当高汤煮沸到只剩一半时，把焦化的韭葱和青胡椒粉加到兔肉泥中并搅拌均匀。将混合物装入玻璃罐中，在顶部留下1.3厘米或更多的空间。在上面撒上香芹，然后浇上酱汁。在还很热的时候盖上盖子并松松地拧住，冷藏一夜后把盖子拧紧。冷藏保存期可长达3个月，只要密封就不会坏。食用时，把肉酱涂抹在咸饼干或法棍上。

小 结

根据我们在 Letterbox 农场的研究和个人经验，我们得出结论，如果符合或在不久的将来可以符合以下标准，以放牧为基础饲养肉兔可以为小规模农户提供良好的经济机会。

有其他较大规模的项目可以帮助承担间接费用。正如第十二章所概述的，为了承担自己产生的所有间接费用，养兔场不得不扩大规模。然而，对于已经在生产各种产品并服务于一系列销售点的农场来说，饲养肉兔可以很容易地整合进来。同样，饲养肉兔也是现有市场和项目的补充，因为它们增加了产品的多样性，产生了自由生产力。

农场是全年营业的。一个经济状况良好的养兔场需要高效地生产。这本书中的数据基于每只母兔每年生产 6 窝仔兔。因此，拥有全年工作的员工和销售团队的农场将比没有这些的农场表现得更好。然而，开发冷冻产品市场免除了全年营销的需要（尽管它仍然需要全年生产）。

寻找价格实惠的好饲料。有很多可以选择的饲料，从传统的、有机的饲料到自己种植饲料。只是一定要计算准确，并设定相应的价格范围。

有可以定期屠宰的合法场所。加工环节是真正无法预见的，因为它可能完全超出你的控制范围。如果你生活在一个允许农场加工的地方，你自便。否则，请与当地的卫生部门、推广办公室或农业部门和市场部门联系，以便在附近找到一家有执照的屠宰场。

你所在地区的市场支持适当的定价和足够大的购买量。1年卖500只肉兔看起来似乎很难，但当你将这一数量分解时，就是每周只卖10只肉兔。一个主要的餐馆客户可能就能让你完成销售量。然而，在投资你的养兔场之前，寻找潜在市场是有意义的。以合理的价格进行持续的销售是你潜在成功的绝对关键。

还不尽完美？没关系——当我们开始我们的小肉鸡项目或第一个小型菜园时，我们也没赚回来。开始一个小的养兔场对于一个想建立一系列事业的新手农民来说是了解游戏规则的一个很好的方式。较低的启动成本、最小的空间需求和轻便的基础设施，使饲养肉兔成为一个理想的启动事业，特别是对于没有永久土地所有权的兼职农民来说。

同样重要的是，要记住并不是所有的事情都必须涉及赢利。无论你饲养肉兔是为了赢利，还是作为一种爱好，或为了肉、毛皮、肥料，甚至是陪伴，在这个过程中都会有很多快乐。我希望这个基于我自己经历的指南，在你开始经营自己的养兔场时，可以帮助你尽量减少障碍，并最大限度地感受这种乐趣。

参考文献

前 言

1. Joel Salatin, *Pastured Poultry Profits* (VA: Polyface,1993).

第一章　饲养肉兔的可行性

1. Adam Starr, "Backyard Bunnies Are the New Urban Chickens," *Good*, March 4, 2010, www.good.is/articles/backyard-bunnies-are-the-new-urban-chickens.

2. Hilary Hylton, "How Rabbits Can Save the World (It Ain't Pretty)," *Time,* December 14, 2012, http: //world.time.com/2012/12/14/how-rabbits-can-save-the-world-it-aint-pretty/.

3. Kim Severson, "Don't Tell the Kids," *New York Times,* March 2,2019, https: //www.nytimes.com/2010/03/03/dining/03rabbit.html.

4. Alan Farnham, "What's Up, Chef? Rabbit Is the Trendy New White Meat," *ABC News*, May 9, 2014, https: //abcnews.go.com/Business/bunny-rabbit-trendy-meat/story? id=23644934.

5. Aaron Webster, "Flemish Giant Rabbits," Rabbit Breeders, August 25, 2018, http: //rabbitbreeders.us/flemish-giant-rabbits.

6. Kazuko "Kay" Smith, "Raising Worms with Rabbits," Happy D Ranch, accessed April 25, 2019, http: //www.happydranch.com/articles/Raising_Worms_with_Rabbits.htm.

7. Dixie Sandborn, "Bunny Honey: Using Rabbit Manure as a Fertilizer," Michigan State University Extension, Michigan State University, September 1, 2016, https: //www.canr.msu.edu/news/bunny_honey_using_rabbit_manure_as_a_fertilizer.

8. Martha Wertheim, "What Are the Health Benefits of Wild Game?" Livestrong.

com, https: //www.livestrong.com/article/349448-what-are-the-health-benefits-of-wild-game.

9．F. Lebas et al., *The Rabbit: Husbandry, Health, and Production*, Animal Production and Health Series 21 (Rome: Food and Agriculture Organization of the United Nations, 1997), 2, http: //www.fao.org/docrep/014/t1690e/t1690e.pdf.

第三章　肉兔生产方式的选择

1．John Wassell, "Traces of Rabbits in Harpenden and Wheathampstead," Harpenden History, Harpenden and District Local History Society, http: //www.harpenden-history.org.uk/page/traces_of_rabbits_in_harpenden_and_wheathampstead.

2．Tim Sandles, "Rabbit Warrens," Legendary Dartmoor, March 21,2016, http: //www.legendarydartmoor.co.uk/rabb_warr.htm.

3．Julie Engel, "The Coney Garth: Effective Management of Rabbit Breeding Does on Pasture," Sustainable Agriculture Research and Education, December 31, 2012, https: //projects.sare.org/sare_project/fnc10-824.

4．Robert Gordon Jensen, *Handbook of Milk Composition* (San Diego: Academic Press, 2008).

5． "Stress Free Chicken Tractor Plans," Store, Farm Marketing Solutions, www.farmmarketingsolutions.com.

第四章　品种选择

1． "Recognized Breeds," American Rabbits Breeders Association,https: //arba.net/recognized-breeds.

2． "American Rabbit," Livestock Conservancy, https: //livestockconservancy.org/index.php/heritage/internal/american.

3． "American Chinchilla Rabbit," Livestock Conservancy, https: //livestockconservancy.org/index.php/heritage/internal/americanchinchilla.

4． "Home of the Million Dollar Rabbit," Giant Chinchilla Rabbit Association, http: //www.giantchinchillarabbit.com.

5．Aaron Webster, "Californian Rabbits," Rabbit Breeders, http: //rabbitbreeders.us/californian-rabbits.

6． "Champagne D'Argent Rabbits," Rabbit Breeders, http: //rabbitbreeders.us/champagne-d-argent-rabbits.

7．Information on Flemish Giant rabbits was adapted from Aaron Webster, "Flemish Giant Rabbits," Rabbit Breeders, http: //rabbitbreeders.us/flemish-giant-rabbits.

8. "New Zealand Rabbits," Rabbit Breeders, http: //rabbitbreeders.us/new-zealand-rabbits#breedresources.

9. "Satin Rabbits," Rabbit Breeders, August 25, 2018, http: //rabbitbreeders.us/satin-rabbits.

10. "Silver Fox Rabbit," Livestock Conservancy, https: //livestockconservancy.org/index.php/heritage/internal/silver-fox.

第六章 繁殖

1. F. Lebas et al., *The Rabbit: Husbandry, Health, and Production*, Animal Production and Health Series 21 (Rome: Food and Agriculture Organization of the United Nations, 1997), 45, http: //www.fao.org/docrep/014/t1690e/t1690e.pdf.

2. Lebas et al., *The Rabbit: Husbandry, Health, and Production*, 162.

3. Lebas et al., *The Rabbit: Husbandry, Health, and Production*, 22, 54.

4. Lebas et al., *The Rabbit: Husbandry, Health, and Production*, 55.

第七章 记录保存

1. Travis West and Lucinda Miller, "Instructions for Tattooing Rabbits," Ohio State University, https: //ohioline.osu.edu/factsheet/4h-35.

第八章 肉兔的饲养

1. Amy E. Halls, "Caecotrophy in Rabbits," Nutrifax, January 2008, https: //pdfs.semanticscholar.org/07b5/c1ae3d1bdaf37761d1996cb81ab7c8bc0577.pdf.

2. Halls, "Caecotrophy in Rabbits."

3. F. Lebas et al., *The Rabbit: Husbandry, Health, and Production*, Animal Production and Health Series 21 (Rome: Food and Agriculture Organization of the United Nations, 1997), 37, http: //www.fao.org/docrep/014/t1690e/t1690e.pdf.

4. Kristen Leigh Painter, "Skyrocketing Sales of Grass-Fed Beef Are Forcing the Industry to Change," *Star Tribune*, December 20, 2017, http://www.startribune.com/sustain-meat/457733503/.

5. Karen Patry, *The Rabbit Raising Problem Solver* (North Adams, MA: Storey Publishing, 2014), 108.

6. Lebas et al., *The Rabbit: Husbandry, Health, and Production*.

7. Lebas et al., *The Rabbit: Husbandry, Health, and Production*, 37.

8. Lebas et al., *The Rabbit: Husbandry, Health, and Production*, 37.

9. Lebas et al., *The Rabbit: Husbandry, Health, and Production*, 53–57.

10. V. Ravindran, *Processing of Cassava and Sweet Potatoes for Animal Feeding*, Better Farming Series 44 (Rome: Food and Agriculture Organization of the United Nations, 1995), 47, http: //www.fao.org/3/a-bp076e.pdf.

第九章　健康与疾病防治

1. F. Lebas et al., *The Rabbit: Husbandry, Health, and Production*,Animal Production and Health Series 21 (Rome: Food and Agriculture Organization of the United Nations, 1997), 124,https://www.fao.org/docrep/014/t1690e/t1690e.pdf.

2. Lebas et al., *The Rabbit: Husbandry, Health, and Production*, 124.

3. Lebas et al., *The Rabbit: Husbandry, Health, and Production*, 159.

4. I. Fayez, M. Marai, A. Alnaimy, and M. Habeeb, "Thermoregulation in Rabbits," in *Rabbit Production in Hot Climates* (Zaragoza,ES: CIHEAM, 1994), 33–41, http: //ressources.ciheam.org/om/pdf/c08/95605277.pdf.

5. "Ammonia Monitoring in Barns Using Simple Instruments," Penn State Extension, July 12, 2016, https: //extension.psu.edu/ammonia-monitoring-in-barns-using-simple-instruments.

6. Karen Patry, *The Rabbit Raising Problem Solver* (North Adams,MA: Storey Publishing, 2014), 109.

7. Diane Shivera, "Raising Rabbits on Pasture," Maine Organic Farmers and Gardeners Association, Winter 2009–10, http: //www.mofga.org/Publications/The-Maine-Organic-Farmer-Gardener/Winter-2009-2010/Rabbits.

8. MediRabbit, http: //www.medirabbit.com/.

9. "Domestic Rabbit Diseases and Parasites," Pacific Northwest Extension, January 2008, https: //extension.oregonstate.edu/sites/default/files/documents/8426/rabbit-parasite-disease-pnw310-e.pdf.

10. For more information on ivermectin, see http: //wildpro.twycrosszoo.org/S/00Chem/ChComplex/Ivermectin.htm.

11. Esther van Praag, "Protozoal Enteritis: Coccidiosis," MediRabbit,http://www.medirabbit.com/EN/GI_diseases/Protozoal_diseases/Cocc_en.htm.

12. Muhammad Fiaz Qamar et al., "Comparative Efficacy of Sulphadimidine Sodium, Toltrazuril, and Amprolium for Coccidiosis in Rabbits," *Science International (Lahore)* 25, no. 2 (2013),295–303, https: //www.researchgate.net/publication/316692292_Comparative_efficacy_of_sulphadimidine_sodium_toltrazuril_and_amprolium_for_Coccidiosis_in_Rabbits.

13. David L. Williams et al., "Eye: Conjunctivitis," Vetstream, https: //www.

vetstream.com/treat/lapis/freeform/eye-conjunctivitis.

14. Harry V. Thompson, *The Origin and Spread of Myxomatosis, with Particular Reference to Great Britain* (Surrey, U.K.: Infestation Control Division, Ministry of Agriculture, Fisheries, and Food,1956), http://documents.irevues.inist.fr/bitstream/handle/2042/59488/LATERREETLAVIE_1956_3-4_137.pdf?sequence=1.

15. "Myxomatosis in the US," House Rabbit Society, July 28, 2016,https://rabbit.org/myxo.

16. "Status of Reportable Diseases in the United States," US Department of Agriculture, updated February 12, 2019, https: //www.aphis.usda.gov/aphis/ourfocus/animalhealth/monitoring-and-surveillance/sa_nahss/status-reportable-disease-us.

17. Esther van Praag, "Common Fur Mites or Cheyletiellosis," MediRabbit, http: //www.medirabbit.com/EN/Skin_diseases/Parasitic/furmite/fur_mite.htm.

18. Esther van Praag, "Myiasis (Botfly) in Rabbits," MediRabbit, http: //www.medirabbit.com/EN/Skin_diseases/Parasitic/Cuterebra/Miyasis_botfly.htm.

19. "Reference Guides," Merck Veterinary Manual, Merck & Co., https: //www.merckvetmanual.com/special-subjects/reference-guides.

20. You may find this list in "Domestic Rabbit Diseases and Parasites," Pacific Northwest Extension, January 2008, https: //extension.oregonstate.edu/sites/default/files/documents/8426/rabbit-parasite-disease-pnw310-e.pdf.

21. American Association of Veterinary Laboratory Diagnosticians, https: //www.aavld.org/accredited-laboratories.

22. Harvey Ussery, *The Small-Scale Poultry Flock* (White River Junction, VT: Chelsea Green, 2011), 219.

第十章　肉兔的加工与包装

1. "Slaughtering, Cutting, and Processing," Cornell Small Farms Program, Cornell University, https: //smallfarms.cornell.edu/2012/07/07/slaughtering-cutting-and-processing.

2. Andrew Amelinckx, "A Brief History of Domesticated Rabbits," *Modern Farmer*, March 22, 2017, https: //modernfarmer.com/2017/03/brief-history-domesticated-rabbits.

3. F. Lebas et al., *The Rabbit: Husbandry, Health, and Production*, Animal Production and Health Series 21 (Rome: Food and Agriculture Organization of the United Nations, 1997), http: //www.fao.org/docrep/014/t1690e/t1690e.pdf.

4. Lebas et al., *The Rabbit: Husbandry, Health, and Production.*

5. Kim Severson, "Don't Tell the Kids," *New York Times*, March 2,2019, https: // www.nytimes.com/2010/03/03/dining/03rabbit.html.

6. Karen Miltner, "Rabbit Meat Is in the Midst of a Miniature Revival," *Democrat & Chronicle*, August 29, 2014, https: //www.democratandchronicle.com/story/ lifestyle/rocflavors/recipes/2014/08/28/rabbit-farm-fricasee-recipe/14758685.

7. Jesse Rhodes, "Rabbit: The Other 'Other White Meat'," *Smithsonian Magazine*, April 22, 2011, https: //www.smithsonianmag.com/arts-culture/rabbit-the-other-other-white-meat-165087427.

8. Julia Child, *Mastering the Art of French Cooking* (New York:Knopf, 1961).

9. Betsy Baldly, "Rabbit Renaissance," *Los Angeles Times*, October31, 1985, http: // articles.latimes.com/1985-10-31/food/fo-13642_1_rabbit.

第十一章　肉兔的市场需求与销售

1. Jenn Harris, "Whole Foods Is Selling Rabbit, and Bunny Lovers Aren't Happy," *Los Angeles Times*, August 14, 2014, Daily Dish Section, https: //www. latimes.com/food/dailydish/la-dd-whole-foods-selling-rabbit-20140814-story.html.

2. "Pilot Animal Welfare Standards for Rabbits," Whole Foods Market, September 2013, http: //assets.wholefoodsmarket.com/www/departments/meat/ WholeFoodsMarket-PilotAnimalWelfareStandardsforRabbits-September2013.pdf.

3. Ryan Grenoble, "Whole Foods' Plan to Sell Rabbit Meat Incites Fury," *Huffington Post*, August 12, 2014, https: //www.huffingtonpost.com/2014/08/13/whole-foods-rabbit-meat-protest_n_5675829.html.

4. Maya Wei-Haas, "The Odd, Tidy Story of Rabbit Domestication That Is Also Completely False," *Smithsonian Magazine*, February 14, 2018, https: //www. smithsonianmag.com/science-nature/strange-tidy-story-rabbit-domestication-also-completely-false-180968168.

5. "History of Rabbits," Bunny Hugga, May 15, 2010, http: //www.bunnyhugga. com/a-to-z/general/history-rabbits.html.

6. United States Department of Agriculture: Veterinary Services, *U.S. Rabbit Industry Profile*, June 2002, https: //www.aphis.usda.gov/animal_health/emergingissues/ downloads/RabbitReport1.pdf.

致谢

首先，我要感谢我的商业伙伴，也是我亲爱的丈夫和鼓励我的最好的朋友。拉斯洛，没有你无限的信任和坚定不移的支持，我什么都做不成。谢谢你鼓励我承担这个项目，谢谢你给我建了这么漂亮的房子，我可以坐在里边来写这本书。费丝，你帮助我建立了最好的愿景，我曾经认为这只是一个小小的梦想。谢谢你的远见、直觉和对伟大理想的灵活执行。每天我都望着窗外想，如果没有你们两个人，这一切都是不可能实现的。我们一起建造了一个多么酷的小农场。

其次，感谢每一个团队成员和志愿者，你们的汗水已经渗透到这片土地里。我们很幸运，你的辛勤工作成就了我们的愿景。特别感谢亚当（Adam）、马里萨（Marisa）和莫莉（Molly）帮助我们度过了一个工作繁重、资源匮乏的时期。谢谢你，杰米，我们牲畜小组的优秀新成员。感谢尼娜（Nina）、玛吉（Maggie）和伊登（Eden）——我无法想象这个地方没有你们是什么样的。

谢谢我的妈妈、爸爸、公婆、教父，吉姆（Jim）和琼·吉尔伯特（Joan Gilbert）——谢谢你们相信我们，尽管我们太年轻，缺乏经验。如果没有你们的鼓励、热情、智慧，并且愿意帮助我们在紧要关头宰鸡，我们永远不会成功。

感谢我的兄弟，谢谢你教会我如何思考，当我需要帮助时，你总是在那里。谢谢你们，苏珊·威利斯（Susan Willis）、凯利（Kelly）和金斯利·戈达德（Kingsley Goddard），当我什么都不知道的时候，是你们教我如何种植。谢谢你们，吉姆（Jim）和克林特（Clint），总是这样精心照顾我们的动物。

谢谢我的摄影师克里斯蒂娜·阿什伯恩（Christine Ashburn），在这本书中你让我们的农场看起来如此梦幻。谢谢杰夫·卢茨，自愿成为照片中英俊的屠夫。

谢谢你，马洛里·墨菲（Mallory Murphy），你的巧手为这本书提供了很多艺术参考。谢谢你，马德琳·巴赫（Madeleine Bach），你训练有素的眼睛帮我在初稿中找到了大量的凌乱的措辞和草率的语法。

谢谢你们，卡丽·埃兹尔（Carrie Edsall）、埃伦·费根（Ellen Fagan）和丹尼尔·萨拉廷（Daniel Salatin），亲切地向我敞开了你们的养兔场，使我学到很多。感谢美国可持续农业研究与教育计划东北区的人们允许我同时学习、耕种和谋生，并赞助了最后变为这本书的最初指南。

谢谢罗布·谢弗（Rob Schaffer），谢谢你所有的建议。谢谢你，杰里·莱奥尼（Jerry Leoni），只要一杯咖啡的微薄价格，就让我在你的咖啡馆里写作一整天。谢谢我的编辑梅肯娜·古德曼（Makenna Goodman），当我什么也不会的时候你相信我可以写出一本书。这是我永远不会忘记的经历，我很荣幸能成为切尔西绿色（Chelsea Green）家族的一员。

感谢让我们深切怀念的马特·齐奥巴（Matt Dzioba）。虽然你对肉兔不太了解，但你确实教会了我很多关于生活的知识。